"大国三农"系列规划教材

U0965247

应用气候学实习

新形态教材

Yingyong Qihouxue Shixi

胡 琦 潘学标 徐 琳 ◎ 编著

中国農業大學出版社
China Agricultural University Press
·北京·

内容简介

本实习指导书是在中国农业大学应用气候学教学实习实践的基础上编写而成的，继承了原北京农业大学编写的《农业气候学实习指导》的核心内容，又收集和汇编了一些最新的计算方法和技术，在传统的手动计算和 Excel 计算方式下，新增编程计算和可视化教学软件计算内容，是一本能够配套混合课程使用的包括文字、小程序、可视化软件的新形态教材。全书包括应用气候学通用分析方法、热量资源分析方法、辐射资源分析方法、水资源分析方法、应用气候综合分析方法共 5 章。本书可作为应用气象学专业学生的实习用教材，也可供其他相关专业和科研业务人员进行气候分析时参考。

图书在版编目(CIP)数据

应用气候学实习/胡琦，潘学标，徐琳编著. —北京：中国农业大学出版社，2020.11
ISBN 978-7-5655-2453-0

Ⅰ.①应… Ⅱ.①胡…②潘…③徐… Ⅲ.①应用气候学-实习-高等学校-教材 Ⅳ.①P46

中国版本图书馆 CIP 数据核字(2020)第 213350 号

书　名 应用气候学实习
作　者 胡　琦　潘学标　徐　琳　编著

策划编辑 潘晓丽　　**责任编辑** 陈颖颖
封面设计 郑　川
出版发行 中国农业大学出版社
社　址 北京市海淀区圆明园西路 2 号　　**邮政编码** 100193
电　话 发行部 010-62733489，1190　　读者服务部 010-62732336
编辑部 010-62732617，2618　　出　版　部 010-62733440
网　址 http://www.caupress.cn　　**E-mail** cbsszs@cau.edu.cn
经　销 新华书店
印　刷 涿州市星河印刷有限公司
版　次 2020 年 12 月第 1 版　2020 年 12 月第 1 次印刷
规　格 787×1 092　16 开本　12.25 印张　305 千字
定　价 40.00 元

前　言

应用气候学是中国农业大学应用气象学本科专业的主干课程，由农业气候学转型而来。应用气候学进述气候学理论和方法在各产业及经济部门的应用，而在农业和生态领域的应用是其传统和重点。应用气候学实习是与应用气候学相配套的实习课程，其作用是提升应用气候学理论分析和解决实际问题的能力。

应用气候学的主要目标是气候资源的合理利用和防灾减灾。分析气候资源量及其规律，确定气候灾害指标，进行气候适度分析、气候分类和分区，是人类趋利避害的前提。随着气候变化的加剧，气候资源和灾害特点也在发生改变。以变应变，才能解决气候变化背景下的资源利用和减灾问题，因此分析气候变化的规律就成了不可缺少的工作。农业是受气候影响的传统行业，掌握气候及其与农业关系的分析方法，是打开气候与农业关系评价大门的钥匙。分析方法可以举一反三，用于解决其他产业和经济领域的问题。本书在继承原《农业气候学实习指导》核心内容的基础上，拓展创新，引入近几年成熟的新方法，并配以计算机程序处理方法，加上了小程序、可视化软件，使应用气候学的分析方法能与时俱进，适应新时期的需要。

本书包括以下 5 个方面的内容：一是应用气候学通用分析方法，包括 3 种气候要素变化特征的求算方法（气候倾向率、M-K 检验、小波分析）和农业气候要素保证率的求算方法，其中有的是气候变化分析的新方法；二是热量资源分析方法，包括界限温度起止日期、持续日数及活动积温的求算方法，热量灾害指标计算方法之一——荔枝寒害评估指标计算，是传统农业气候分析的经典方法；三是辐射资源分析方法，包括辐射计算及辐射资源丰富度和稳定性评估方法、作物光合生产潜力和光能利用率的计算方法、地表太阳辐射公式经验系数估算方法，是对清洁能源太阳能的工业利用、农业利用的基础；四是水资源分析方法，包括 2 种参考作物蒸散计算方法（FAO-PM 法，温度估算法、辐射估算法）、3 种干旱指标计算方法（气象干旱指标计算，农业气象干旱指标计算，SIP、SPEI），是分析水分平衡、气象旱涝和农业旱涝不可或缺的方法；五是应用气候综合分析方法，包括利用敏感性和贡献率分析蒸散变化原因、华北平原麦玉两熟种植制度下夏玉米理论播期计算、2 种作物光温生产潜力求算方法（FAO 农业生态区域法、瓦赫宁根法）、作物气候生产潜力求算方法，考虑气候要素的综合影响。每一种分析方法，除了讲解传统的 Excel 计算外，还讲解计算机编程计算和基于 MATLAB 的可视化教学统计软件计算，让气象专业的学生学会编程，最终掌握高效处理数据的方法，具备气候分析能力。本书的 19 个实习后均配有资源下载码，建议在电脑端下载使用。在此，特别感谢研究生胡莉婷、和骅芸、马雪晴、邢梦媛、王晓晨、刘媛媛在资料整理和检验计算方面做出的贡献。

本书重点给出了应用气候学实习课程中用到的部分分析方法,限于实习课时,还有许多常用的应用气候分析方法没有包含进来,我们将在未来进一步增加、归纳和完善。

注意:电脑必须安装 MATLAB Runtime 的 9.5 版(R2018b),软件才能运行。

实习软件包下载码

编 者

2020 年 7 月

目　录

第一章　应用气候学通用分析方法

实习一　气候要素变化特征的求算方法之一——气候倾向率

小引：2013 年 9 月 27 日，联合国政府间气候变化专门委员会（IPCC）在瑞典斯德哥尔摩召开新闻发布会，公布了第五次评估报告（AR5）第一工作组报告的决策者摘要。报告指出，近百年来，全球气候变暖毋庸置疑，1880—2012 年，全球海陆表面平均温度呈线性上升趋势，升高了 0.85℃。那么，其中的“升温 0.85℃”是如何计算的？

一、实习目的

学习运用气候倾向率方法计算光、温、水等气候要素的变化趋势，并学会对趋势结果进行显著性检验。

二、实习内容

基于某气象站点 1962—2015 年各年的年平均气温，分别采用 Excel、MATLAB、专业软件等实现运用气候倾向率方法求算该气象站点气温变化趋势，并用 R 检验法和 F 检验法进行显著性检验。

三、实习原理和计算方法

1. 气候倾向率原理及计算方法

气候倾向率方法是分析气候要素变化趋势的最基本的方法，在气候变化研究中应用广泛。气候倾向率即气候要素的线性变化趋势，用 y 表示样本量为 n 的某一气候要素，用 x 表示对应的年序，拟合得到一元线性回归方程：

$$y = a + bx \qquad (x = 1, 2, 3, \cdots, n) \tag{1-1}$$

式中：a 为截距；b 为回归系数。b 的 10 倍即该要素的气候倾向率，表示该气候要素 10 a 的变化率，正的和负的 b 值分别表示增加和减少趋势，b 值采用最小二乘法确定。

2.显著性检验原理及计算方法

上述方法拟合得到的经验公式是否具有实际意义，需要用合理的检验方法来判断。目前常用的检验方法为 F 检验法和 R 检验法。

F 检验法是通过计算统计量的 F 值与显著性水平 α 时的临界值 F_α 的对比来确定气候倾向率是否显著。

$$F=\frac{\text{SSR}}{\text{SSE}/(n-2)}\sim F(1,n-2) \tag{1-2}$$

式中：n 为样本数；$n-2$ 为自由度；SSR 为回归平方和，也称为可解释的平方和，反映了自变量 x 的变化对因变量 y 取值变化的影响；SSE 为残差平方和，也称为不可解释的平方和或剩余平方和，反映了除 x 以外的其他因素对 y 取值的影响。SSR 和 SSE 的计算公式如下：

$$\text{SSR}=b\sum_{i=1}^{n}(x_i-\overline{x})(y_i-\overline{y})=bl_{xy} \tag{1-3}$$

$$\text{SSE}=\sum_{i=1}^{n}(y_i-\overline{y})^2-b\sum_{i=1}^{n}(x_i-\overline{x})(y_i-\overline{y})=l_{yy}-bl_{xy}$$

式中：b 为式(1-1)中的回归系数；$\overline{x}$，$\overline{y}$ 分别为多年平均值。查 F 检验表中显著性水平为 α、自由度为 $n-2$ 时的临界值 F_α，若 $F\geqslant F_{\alpha(1,n-2)}$，表明气候倾向率通过了显著性检验（$P<\alpha$），反之表示未通过显著性检验。$F$ 检验表可通过扫描实习一后的资源下载码下载文件中的(1-1)。

R 检验法也称为相关系数检验法，R^2 是回归方程趋势线拟合程度的指标，它的数值大小可以反映趋势线的估计值与对应的实际数据之间的拟合程度，拟合程度越高，趋势线的可靠性就越高。R^2 取值范围为 0～1，当趋势线的 R^2 越接近 1，其可靠性越高。

> 事实上，F 检验和 R 检验两种检验方法是一致的，二者有如下关系：
>
> $$F=(n-2)\frac{R^2}{1-R^2}$$
>
> 有兴趣的同学可以尝试证明。

$$R=\frac{\sum_{i=1}^{n}(x_i-\overline{x})(y_i-\overline{y})}{\sqrt{\sum_{i=1}^{n}(x_i-\overline{x})^2\cdot\sum_{i=1}^{n}(y_i-\overline{y})^2}}=\frac{l_{xy}}{\sqrt{l_{xx}l_{yy}}} \tag{1-4}$$

查 R 检验表中显著性水平为 α、自由度为 $n-2$ 时的临界值 R_α，若 $R\geqslant R_{\alpha(1,n-2)}$，表明气候倾向率通过了显著性检验（$P<\alpha$），反之，未通过显著性检验。$R$ 检验表可通过扫描实习一后的资源下载码下载文件中的(1-2)。

四、实习方法和步骤

表 1-1 为某气象站 1962—2015 年的年平均温度数据序列，试分析该地区的年平均温度变化趋势及是否显著。实习数据可通过扫描实习一后的资源下载码下载文件中的(1-3)。

表 1-1 某气象站 1962—2015 年的年平均温度

年份	温度/℃	年份	温度/℃	年份	温度/℃	年份	温度/℃
1962	4.98	1976	4.58	1990	6.06	2004	6.18
1963	5.39	1977	5.37	1991	5.40	2005	5.52
1964	5.72	1978	5.24	1992	5.38	2006	6.46
1965	4.88	1979	4.91	1993	5.30	2007	6.73
1966	5.02	1980	4.84	1994	6.18	2008	5.86
1967	5.10	1981	4.98	1995	5.58	2009	5.61
1968	5.19	1982	5.54	1996	5.20	2010	5.31
1969	4.31	1983	5.67	1997	5.80	2011	5.69
1970	4.86	1984	4.31	1998	6.81	2012	5.05
1971	5.28	1985	4.67	1999	6.47	2013	5.13
1972	4.90	1986	4.49	2000	6.00	2014	6.09
1973	5.23	1987	4.96	2001	6.16	2015	6.13
1974	4.60	1988	5.18	2002	6.42		
1975	5.88	1989	5.41	2003	6.70		

1. Excel 实现

步骤 1:选择年份和温度列,点击"插入—图表— XY(散点图)",结果如图 1-1 所示。

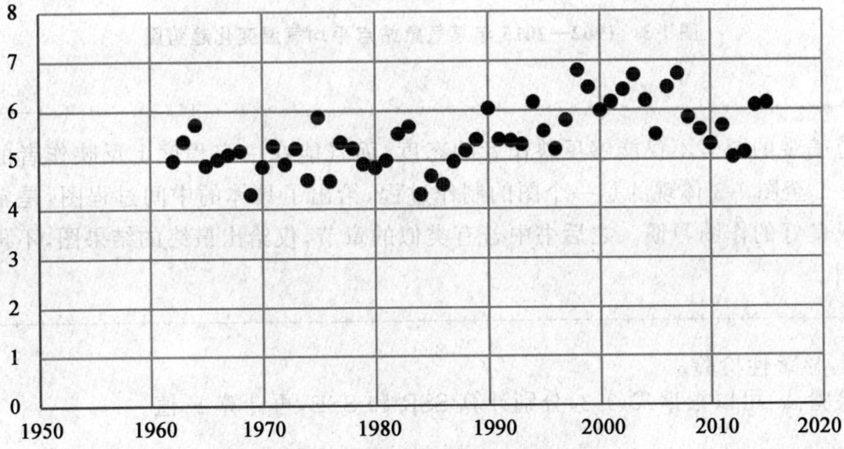

图 1-1 插入散点图后结果示意图

步骤 2:选中散点,单击右键,点击"添加趋势线",选择"线性""显示公式""显示 R 平方值",结果如图 1-2 所示。

步骤 3:将散点用折线连接,设置图片格式,添加横、纵坐标标题,如图 1-3 所示。由图可知,1962—2015 年某气象站点平均气温趋势方程为:$y=0.0226x-39.403$,$R^2=0.3219$,即该地区 1962—2015 年平均升温趋势为 0.226℃/10 a。

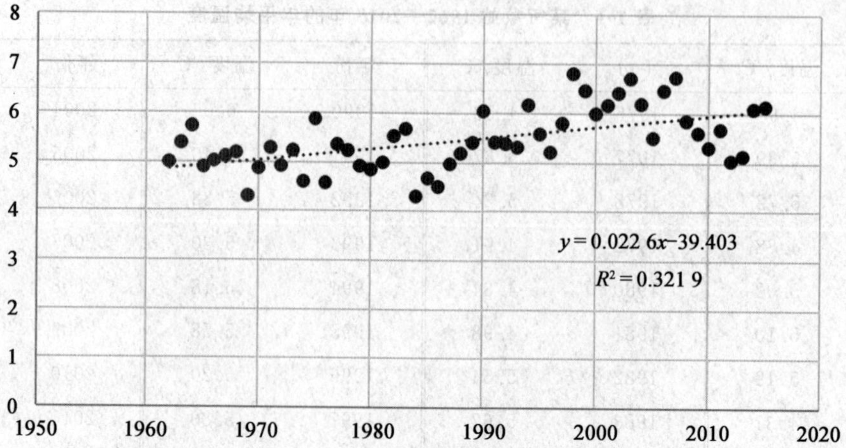

图 1-2 添加趋势线后结果示意图

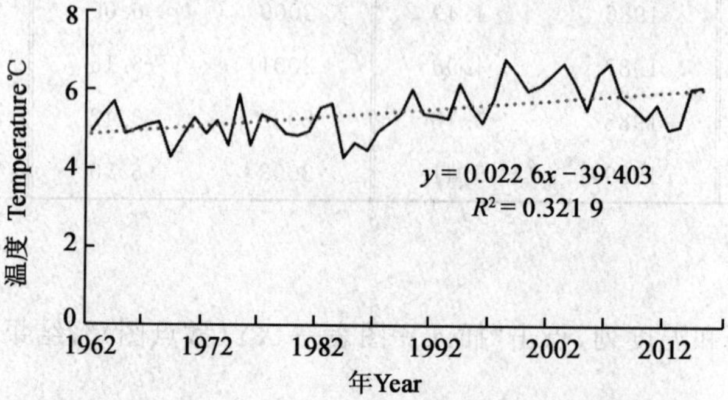

图 1-3 1962—2015 年某气象站点平均气温变化趋势图

> 规范美观的图表不仅能够反映作者的态度，而且能在一定程度上反映作者的知识水平。图 1-1 至图 1-3 体现的是一个图的制作过程，给出了具体的中间过程图，是希望读者能够养成良好的作图习惯。之后书中若有类似的章节，仅给出最终的结果图，不再给出中间过程图。

步骤 4:显著性检验。

①F 检验法:可以根据式(1-3)分别计算 SSR 和 SSE，再计算 F 值。

$$l_{xy}=\sum_{i=1}^{n}(x_i-\overline{x})(y_i-\overline{y})=295.9,\quad l_{yy}=\sum_{i=1}^{n}(y_i-\overline{y})^2=20.7$$

$$\mathrm{SSR}=bl_{xy}=6.68,\quad \mathrm{SSE}=l_{yy}-bl_{xy}=14.06$$

$$F=\frac{\mathrm{SSR}}{\mathrm{SSE}/(n-2)}=24.7,\quad F\sim F(1,52)$$

查 F 检验表中显著性水平为 α、自由度为 52 时的临界值 F_α：

对 $\alpha=0.05$(对应差异显著)，$F_\alpha=4.0\sim4.08$；

对 $\alpha=0.01$(对应差异极显著)，$F_\alpha=7.08\sim7.31$。

比较 F 值与 F_α 可知，$F>F_{0.01(1,52)}$，表明该地区平均气温气候倾向率通过了显著性检验（$P<0.01$）。

实际上，Excel 软件自带方差分析工具。以 Excel 2010 为例，首先加载数据分析模块，点击“文件—选项—加载项—管理（选择）—Excel 加载项—转到—分析工具库（勾选）—确定”。

然后，点击“数据—数据分析—回归—确定”，出现图 1-4 所示对话框。

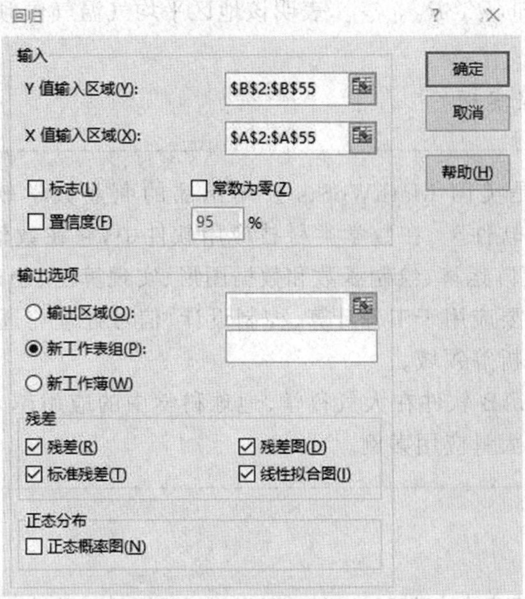

图 1-4 Excel 回归分析对话框

在 Y 值输入区域选择平均温度列，在 X 值输入区域选择年份列，勾选残差、标准残差等特征量，点击确定，即可得到方差分析结果（图 1-5）。可以看出，F 值约为 24.7，$P<0.01$，即该地区平均气温气候倾向率通过了显著性检验，增温趋势极显著。

SUMMARY OUTPUT

回归统计	
Multiple R	0.56739
R Square	0.321932
Adjusted R Square	0.308892
标准误差	0.520013
观测值	54

方差分析

	df	SS	MS	F	Significance F
回归分析	1	6.676079	6.676079	24.68845	7.68E-06
残差	52	14.06148	0.270413		
总计	53	20.73756			

	Coefficients	标准误差	t Stat	P-value	Lower 95%	Upper 95%	下限 95.0%	上限 95.0%
Intercept	-39.4028	9.028743	-4.36415	6.08E-05	-57.5203	-21.2853	-57.5203	-21.2853
X Variable 1	0.02256	0.00454	4.968747	7.68E-06	0.013449	0.031671	0.013449	0.031671

图 1-5 Excel 回归分析结果

②R 检验法：可以根据式(1-4)计算 R 值，得 $R=0.567$。实际上，根据图 1-3 或者图 1-5 均可得到 $R^2=0.322$，则 $R=\sqrt{R^2}=\sqrt{0.322}=0.567$。

查 R 检验表中显著性水平为 α、自由度为 52 时的临界值 R_α：

对 $\alpha=0.05$(对应差异显著)，得 $R_\alpha=0.268$；

对 $\alpha=0.01$(对应差异极显著)，得 $R_\alpha=0.348$。

比较 R 值与 R_α 可知，$R>R_{0.01(1,52)}$，表明该地区平均气温气候倾向率通过了显著性检验($P<0.01$)。

2. MATLAB 编程实现

MATLAB 软件是美国 MathWorks 公司出品的商业数学软件，与 Mathematica，Maple 并称"三大数学软件"。在数学类科技应用软件中，它在数值计算方面首屈一指。MATLAB 可以进行矩阵运算、绘制函数和数据图形、实现算法、创建用户界面、连接其他编程语言的程序等，主要应用于工程计算、控制设计、信号处理与通信、图像处理、信号检测、金融建模设计与分析等领域。

过去几年，MATLAB 软件在大气科学、地球科学中的应用越来越广泛，在科技论文发表、会议演讲中已有大量应用案例。

步骤 1：数据输入。

数据文件可放在任意路径下(即不提前设定数据存储路径)，通过弹出的窗口进行选择，文件格式可以为 txt，xls(x)，mat。

打开 MATLAB 软件，在命令窗口中输入代码[完整代码可通过扫描实习一后的资源下载码下载文件中的(1-4)]：

```
clear %清空环境变量
clc  %清空窗口内容
[filename filepath]=uigetfile('*.*','请选择文件');%filename 为文件名,filepath 为文件路径
if isequal(filename,0)
  msgbox('您没有正确选择文件夹');
  return;
  end
```

若文件格式为 txt，数据无表头，第一列为年份，第二列为年平均温度，空格分隔符，接着输入代码：

```
Data=textread([filepath, filename]); %读取文件,并赋值给矩阵 Data
```

若文件格式为 xls(x)，数据无表头，第一列为年份，第二列为年平均温度，接着输入：

```
Data=xlsread([filepath, filename]); %读取文件,并赋值给矩阵 Data
```

若文件格式为 mat,数据无表头,第一列为年份,第二列为年平均温度,接着输入:

```
Data_struct=load([filepath, filename]);
Data= Data_struct.DATA; %读取文件,并赋值给矩阵 Data
```

也可以设定数据存储路径,直接输入数据。例如,文件存储路径为 C:\matlab-trend,文件名称为 data,数据格式为 txt,则直接输入如下代码即可:

```
clear %清空环境变量
clc   %清空窗口内容
Data=textread('C:\matlab-trend/data.txt'); %读取文件,并赋值给矩阵 Data
```

步骤 2:拟合方程,计算气候倾向率。

MATLAB 软件提供了基本的曲线拟合函数的命令,调用方法为 $p=\text{polyfit}(x,y,n)$。其中:x 为源数据点对应的横坐标;y 为源数据点对应的纵坐标,可为行向量、矩阵;n 为拟合的阶数;输出参数 p 为拟合多项式 $y=p_1x^n+\cdots+p_nx+p$ 中的系数,共 $n+1$ 个。对于本例中的气候倾向率而言,x 为年份序列数据,y 为年平均温度序列数据,n 为 1,p 为 1×2 数组,$p(1)$ 即拟合方程的回归系数。

在命令窗口中接着输入代码:

```
p=polyfit(Data(:,1),Data(:,2),1);%拟合方程,p(1)为拟合方程的回归系数 b,p(2)为截距 a
```

步骤 3:画图及保存图片。

MATLAB 软件中 plot() 函数是绘制二维图形的最基本函数,该函数针对向量或矩阵的列来绘制曲线。对于本例中的气候倾向率而言,调用函数 $\text{plot}(x,y)$ 来绘制趋势变化图,以 x 元素(年份)为横坐标值,y 元素(平均温度)为纵坐标值。

在命令窗口中接着输入代码:

```
for i=1:length(Data)
Data(i,3)=p(1)*Data(i,1)+p(2); %逐年计算拟合值
end
set(gcf, 'unit', 'centimeters', 'position', [3 5 12 6]) %设置图形的位置及大小
set(gca, 'Position', [.15 .18 .8 .78]);%设置图片比例大小
plot(Data(:,1), Data(:,3), '--r', 'linewidth', 1)%画趋势线
legend('趋势线 Trend Line', 2);%添加图例
legend('boxoff')  %设置图例为无边框
set(gca, 'FontSize', 8) %设置图例和坐标轴字体大小
hold on
```

```
plot(Data(:,1),Data(:,2),'k','linewidth',1);%画散点图
xlim([min(Data(:,1)),max(Data(:,1))]);%对 X 轴设定显示范围
xlabel('年份 Year','FontName','TimesNewRoman','FontSize',10);%X 轴标题
ylabel('温度 Temperature ℃','FontName','TimesNewRoman','FontSize',10);%Y 轴标题
text_x=min(Data(:,1))+(max(Data(:,1))-min(Data(:,1)))/2;
text_y=min(Data(:,2))+(max(Data(:,2))-min(Data(:,2)))/6;
text(text_x,text_y,['y=',num2str(p(2)),'+',num2str(p(1)),'x']);%图中添加趋势方程
[FileName,PathName] = uiputfile({'*.jpg','JPEG(*.jpg)';...
                                 '*.bmp','Bitmap(*.bmp)';...
                                 '*.gif','GIF(*.gif)';...
                                 '*.*',  'All Files (*.*)'},...
                                 'Save Picture','Untitled');%选择文件夹和要保存的图片格式
saveas(gca,[PathName,FileName]);%保存图片,可以保存为 jpg,bmp,png,gif 等格式
```

结果如图 1-6 所示。由图可知,该地区 1962—2015 年气温呈上升趋势,增温速率为 0.226℃/10 a。

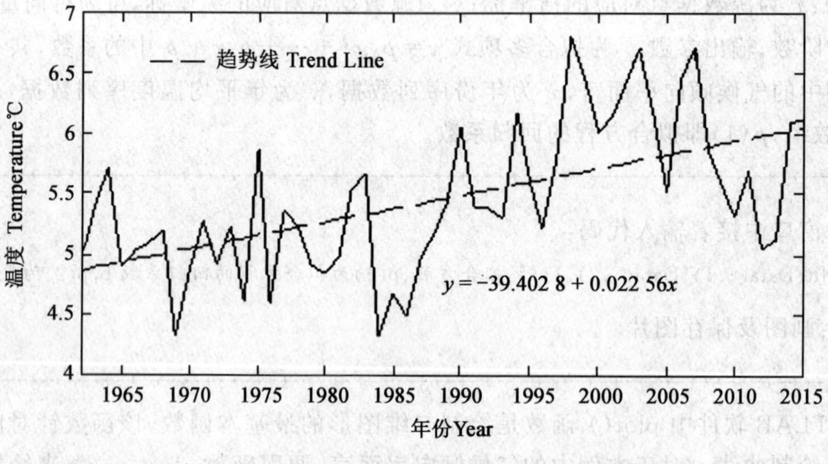

图 1-6 1962—2015 年某气象站点平均气温变化趋势图

步骤 4:显著性检验。

在命令窗口中接着输入代码(以 F 检验为例):

```
[row,col]=size(Data);
trend=p(1);%计算回归系数 b
sumxy=sum(Data(:,1).*Data(:,2));
sumy=sum(Data(:,2));
sumx=sum(Data(:,1));
sumyy=sum(Data(:,2).*Data(:,2));
lyy=sumyy-sumy*sumy/row;
lxy=sumxy-sumx*sumy/row;
SSR=trend*lxy; %计算 SSR
SSE=lyy-SSR; %计算 SSE
```

```
dfu=1;
dfQ=row-2;%计算自由度
F=SSR/(SSE/dfQ); %计算 F 检验值
FN=[1:30];
FN=[FN 40 60 120];
Fa5=[161.4,18.51,10.13,7.71,6.61,5.99,5.99,5.32,5.12,4.96,4.84,4.75,4.67,...
    4.60,4.54,4.49,4.45,4.41,4.38,4.35,4.32,4.30,4.28,4.26,4.24,4.23,4.21,...
    4.20,4.18,4.17,4.08,4.00,3.92,3.84]; %0.05 显著性水平下的 Fa 值
N=length(FN);
for jj=2:N
if dfQ==FN(jj) %计算 0.05 显著性水平下的 Fa 值
if F>Fa5(jj)
Sign5=1;
else
Sign5=0;
end
break
elseif dfQ>FN(jj-1)&&dfQ<FN(jj)
if F>Fa5(jj-1)-(Fa5(jj-1)-Fa5(jj))/(FN(jj)-FN(jj-1))*(dfQ-FN(jj-1))
Sign5=1;
else
Sign5=0;
end
break
else
    if F>Fa5(N)
        Sign5=1;
else
Sign5=0;
end
end
end
Result(1)= trend*10;%Result 为结果,倾向率、显著性值
Result(2)= Sign5;
```

计算结果保存在 Result 数组中,分别为[倾向率,显著性值]。若显著性值为 1,表明气候倾向率通过了 0.05 的显著性检验;若显著性值为 0,则表明气候倾向率没有通过 0.05 的显著性检验。本例中计算的 Result 结果为[0.226,1],即该地区 1962—2015 年呈显著增温趋势($P<0.05$),气候倾向率为 0.226℃/10 a。

步骤 5:保存数据。

计算完毕后,可用多种方式将 Result 结果保存,此处介绍两种方式。

①设定数据存储路径,直接输入数据。例如,文件保存路径为 C:\matlab-trend,保存的文件名称为 Result,若数据格式为 txt(或 mat),则直接输入如下代码即可:

```
fid=fopen('C:\matlab-trend\Result.txt','wt');%写入文件路径,mat格式将Result.txt改为Result.mat即可
matrix=Data; %input_matrix为待输出矩阵
[m,n]=size(matrix);
for i=1:1:m
for j=1:1:n
if j==n
fprintf(fid,'%g\n',matrix(i,j));
else
fprintf(fid,'%g\t',matrix(i,j));
end
end
end
fclose(fid);
```

若数据格式为 xls(x),则直接输入如下代码即可：

```
xlswrite('C:\matlab-trend\Result.xlsx',Data);
```

②不提前设定数据存储路径,数据可放在任意路径下,可以通过弹出的窗口进行选择文件夹,命名文件名称,文件格式可以为 txt,xls(x),mat。以 xls(x)格式为例：

```
[FileName,PathName] = uiputfile({'*.xlsx','Excel(*.xlsx)';...
                                 '*.*',    'All Files (*.*)'},...
                                 'Save Result','Result'); %选择文件夹和要保存的数据格式
xlswrite([PathName, FileName],Data);
```

txt(或 mat)格式数据保存方法类似,不再赘述。

3. 气候变化趋势分析软件

应用气候学实习-趋势分析和检验软件 V1.0 是基于 MATLAB-GUI 开发的一款专业的气候倾向率分析软件,主要包括数据输入、数据格式说明、原理方法介绍、返回主界面模块(图 1-7)。其中"原理方法介绍"模块下介绍了气候倾向率方法和 F 检验法及其计算步骤,方便学生学习和理解。

图 1-7 基于 MATLAB-GUI 的趋势分析和检验软件主界面

步骤 1:数据输入。

软件能够支持 txt,excel 和 mat 格式的文件。数据格式为两列:第一列为年份,第二列为气候要素值。若数据格式不符合要求,软件无法运行。软件支持单站点输入和多站点批量输入,在区域尺度的气候变化分析过程中,需要对多个气象站点数据进行计算时,将所有待处理的数据文件放在一个文件夹内即可。

点击主菜单的“数据输入”,可以选择二级菜单中的“单点输入”或“批量输入”,三级菜单可以选择文件格式。数据输入成功后,软件“数据信息”面板中显示“数据输入成功!”,并显示输入文件中的数据名称、数据格式、存储路径、要素均值、要素极大值、要素极小值以及起止年份等内容。选择数据成功后,界面如图 1-8 所示。

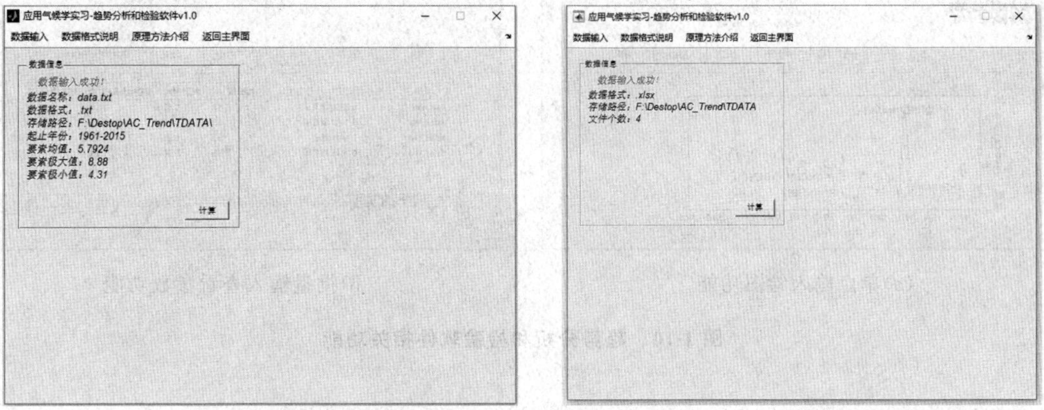

(a)单点输入　　(b)批量输入

图 1-8　趋势分析和检验软件输入数据界面

步骤 2:气候变化趋势和显著性检验。

点击“计算”按钮,“结果面板”会显示气候变化趋势和显著性检验的结果,包括拟合方程、气候倾向率、显著性水平及统计值 F、临界值等相关的参数等,如图 1-9(a)所示。批量文件输入时,“结果面板”会显示每一个文件的名称及相应的气候倾向率,如图 1-9(b)所示。

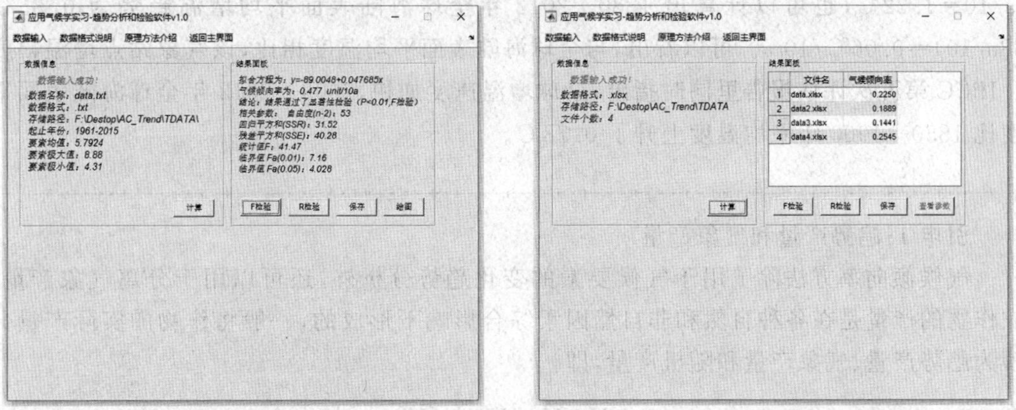

(a)单点输入计算结果　　(b)批量输入计算结果

图 1-9　趋势分析和检验软件输入数据后的计算结果界面

步骤 3:画图及保存。

对单点输入的数据,该软件系统“控制面板”模块可以点击“绘图”,查看所绘制的曲线,如图 1-10(a)所示。对批量输入的数据,该软件提供了中间参数查看功能,点击“控制面板”的“查看参数”,可查看每个文件的详细结果,包含气候倾向率、显著性、自由度、SSE、SSR、统计值 F 等,如图 1-10(b)所示。

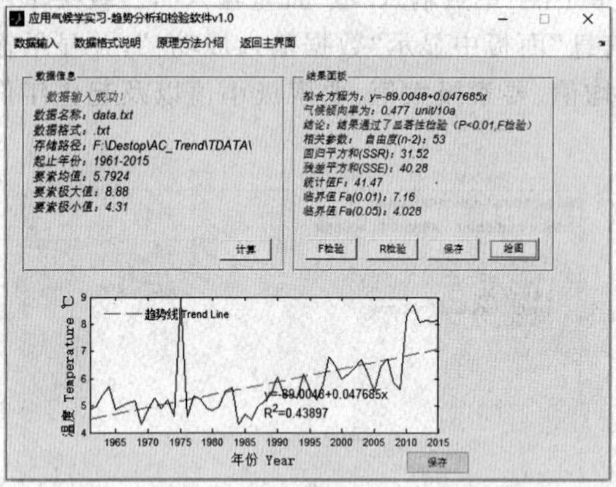

(a)单点输入绘图功能

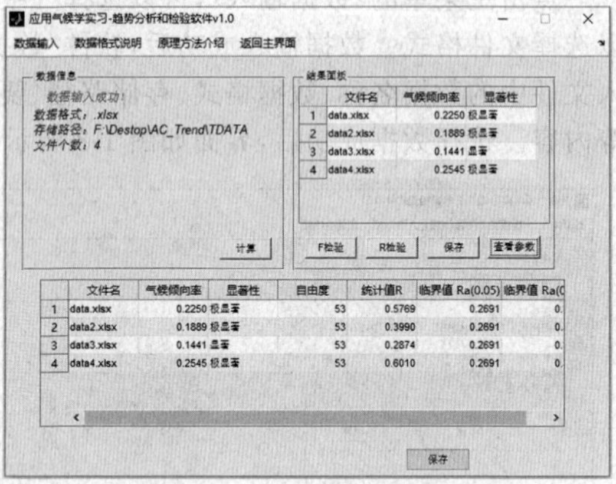

(b)批量输入查看参数功能

图 1-10 趋势分析和检验软件相关功能

点击“结果面板”模块中的“保存”按钮,绘图可以将图片保存为 jpg,bmp,png,gif 等格式,计算结果可以保存为 txt 格式文档。

至此,气候倾向率及其显著性检验计算完毕,结论为:1962—2015 年该气象站点年平均温度气候倾向率为 0.226℃/10 a,增温趋势极显著($P<0.01$)。回到实习一“小引”里那个问题:1880—2012 年全球海陆表面平均温度呈线性上升趋势,升高了 0.85℃,其中的“升温 0.85℃”是如何计算的?答:一段时间内(假设为 n 年)气候要素的变化值等于气候倾向率乘以($n/10$)。因此,能够计算出 1962—2015 年该气象站点年平均温度升高了 0.226℃/10 a×54 a/10=1.22℃,也可以计算出 1880—2012 年全球海陆表面平均增温趋势为 0.85℃÷(133a/10)=0.06℃/10 a。可以看出,与全球海陆表面平均温度相比,该气象站点增温幅度更大。IPCC 第五次评估报告里同时指出,全球增温速度加快,2003—2012 年全球海陆表面平均温度比 1850—1900 年平均温度上升了 0.78℃。

引申 1:趋势产量和气象产量

气候倾向率方法除了用于气候要素的变化趋势分析外,还可以用于分离气象产量。农作物的产量是在各种自然和非自然因素综合影响下形成的,一般将作物的实际产量分解为趋势产量、气象产量和随机产量,即

$$Y=Y_t+Y_w+\Delta Y$$

式中:Y 为粮食单产;Y_t 为反映一定历史时期社会生产力发展水平的趋势产量;Y_w 为气

象产量，是由于年际气象条件的差异造成作物产量的波动；ΔY 为随机“噪声”，在实际计算中常被忽略不计。

因此，首先根据回归方程确定趋势产量，之后计算气象产量，即实际产量与趋势产量之差：

$$Y_w = Y - Y_t$$

引申 2：文件的批量操作

在对区域的气候变化状况进行研究时，往往要计算多个气象站点的气候倾向率，如中国目前有 2 000 多个自动气象站。因此，若每一个站点计算时都运行一次程序，工作量大且效率低。MATLAB 软件能够对相同格式的文件实现批量操作，以 Excel 数据格式为例，将所有待处理的 Excel 表格数据（xlsx）放在一个文件夹内，数据格式均为第一列年份，第二列气象要素值。批量操作的代码如下：

```
clear %清空环境变量
clc  %清空窗口内容
PATH=uigetdir(cd,'请选择文件夹');%载入文件夹
if PATH==0
    msgbox('您没有正确选择文件夹');
    return;
end
Filename=ls(strcat(PATH,'/*.xlsx'));%搜索 xlsx 格式文件
File=[cellstr(Filename)];%得到文件路径
for i=1:length(File)
Filename1{i}=strcat(PATH,'/',File(i));
Data=xlsread(cell2mat(Filename1{i}));%读取每一个文件，并赋值到 Data 数组中
...
end
```

其中，…处即可输入计算气候倾向率和显著性检验的代码（“实习一 2. MATLAB 编程实现”中步骤 2 和步骤 4 的代码）。

五、实习作业

任选 Excel、MATLAB、专业软件中的 2 种方式，运用气候倾向率法、F 检验法分析北京地区 1961—2015 年的年平均风速的变化趋势，并进行显著性检验，画出趋势图，写出显著性检验计算过程。气象数据可通过扫描实习一后的资料下载码下载文件中的(1-5)。

实习一 资源下载码(1-1 至 1-5)

参考文献

[1] 代姝玮，杨晓光，赵孟，等. 气候变化背景下中国农业气候资源变化Ⅱ:西南地区农业气候资源时空变化特征[J]. 应用生态学报，2011,22(02):442-452.

[2] 胡琦，潘学标，邵长秀，等. 1961—2010 年中国农业热量资源分布和变化特征[J]. 中国农业气象，2014，35(02):119-127.

[3] 李心怡，张祎，赵艳霞，等. 主要作物产量分离方法比较[J]. 应用气象学报，2020，31(01):74-82.

[4] 秦大河，Stocker T. IPCC 第五次评估报告第一工作组报告的亮点结论[J]. 气候变化研究进展，2014，10(01):1-6.

实习二　气候要素变化特征的求算方法之二——M-K 检验

小引：地球从冷到暖的气候变化，真如我们一直以为的那样温吞吞、循序渐进吗？最新研究表明，过去的 20 多万年中，“老天爷”也会经常“喜怒无常”，发生冷暖干湿的气候突变。

那么如何去研究气候变化中的突变？本实习即 Mann-Kendall 检验法在突变分析中的应用。

一、实习目的

学习运用 M-K 检验法进行光、温、水等气候要素的突变分析。

二、实习内容

基于某气象站点 1962—2015 年各年的年平均气温，分别用 Excel、MATLAB、专业软件等实现运用 M-K 检验法对该气象站点气温进行突变分析，找出突变年份。

三、实习原理和计算方法

Mann-Kendall 检验法（简称 M-K 检验法）最初由 H. B. Mann 和 M. G. Kendall 提出，后进一步发展，是世界气象组织推荐的用于提取序列变化趋势的有效工具。M-K 检验法不受个别异常值的干扰，能够客观反映时间序列趋势，目前已经被广泛用于气候参数和水文序列的分析中。M-K 检验法可以根据输出的两个序列（UF 和 UB），明确突变的时段和区域，具体计算方法及参数如下。

对于具有 n 个样本量的时间序列 X，构造一秩序列：

$$s_k = \sum_{i=1}^{k} r_i, \quad r_i = \begin{cases} 1, & x_i > x_j \\ 0, & \text{else} \end{cases}, \quad j = 1, 2, \cdots, i \tag{2-1}$$

式中：秩序列 s_k 是第 i 时刻数值大于 j 时刻数值个数的累计数。

在时间序列随机独立的假定下，定义统计量

$$\mathrm{UF}_k = \frac{s_k - E(s_k)}{\sqrt{\mathrm{Var}(s_k)}}, \quad k = 1, 2, \cdots, n \tag{2-2}$$

式中：$\mathrm{UF}_1 = 0$；$E(s_k)$，$\mathrm{Var}(s_k)$ 是累计数 s_k 的均值和方差。在 $x_1, x_2, \cdots, x_n$ 相互独立，且有相同连续分布时，$E(s_k)$，$\mathrm{Var}(s_k)$ 可由下式算出：

$$E(s_k)=\frac{n(n-1)}{4},\quad \mathrm{Var}(s_k)=\frac{n(n-1)(2n+5)}{72} \tag{2-3}$$

UF 为标准正态分布，它是按时间序列 x 顺序 $x_1,x_2,\cdots,x_n$ 计算出的统计量序列。按时间序列 x 逆序 $x_n,x_{n-1},\cdots,x_1$，再重复上述过程，构造逆序列 UB。

若 UF 值大于 0，则表明序列呈上升趋势；小于 0，则表明呈下降趋势。当它们超过临界置信水平直线时（检验置信水平 $\alpha=0.05$ 时，置信水平线为 ±1.96），表明上升或下降趋势显著，超过临界线的范围确定为出现突变的时间区域。如果 UF 和 UB 两条曲线出现交点，且交点在临界线之间，那么交点对应的时刻便是突变开始的时间。

四、实习方法和步骤

表 2-1 为某气象站 1962—2015 年的年平均温度数据序列，试分析该地区的年平均温度变化趋势，并判断是否显著。实习数据可通过扫描实习二后的资源下载码下载文件中的(2-1)。

表 2-1 某气象站 1962—2015 年的年平均温度

年份	温度/℃	年份	温度/℃	年份	温度/℃	年份	温度/℃
1962	4.98	1976	4.58	1990	6.06	2004	6.18
1963	5.39	1977	5.37	1991	5.40	2005	5.52
1964	5.72	1978	5.24	1992	5.38	2006	6.46
1965	4.88	1979	4.91	1993	5.30	2007	6.73
1966	5.02	1980	4.84	1994	6.18	2008	5.86
1967	5.10	1981	4.98	1995	5.58	2009	5.61
1968	5.19	1982	5.54	1996	5.20	2010	5.31
1969	4.31	1983	5.67	1997	5.80	2011	5.69
1970	4.86	1984	4.31	1998	6.81	2012	5.05
1971	5.28	1985	4.67	1999	6.47	2013	5.13
1972	4.90	1986	4.49	2000	6.00	2014	6.09
1973	5.23	1987	4.96	2001	6.16	2015	6.13
1974	4.60	1988	5.18	2002	6.42		
1975	5.88	1989	5.41	2003	6.70		

1. Excel 实现

步骤 1：计算 UF_k，UB_k。

将数据放入 Excel 中，如表 2-2 所示。A 列为年，B 列为平均温度，C～M 列分别输入 k，r，s_k，$E(s_k)$，$\mathrm{Var}(s_k)$，UF_k，逆序列，r'，s_k'，UF_k'，UB_k。

C 列依次输入 1，2，3，4……N；

D列依次输入公式＝COUNTIF(＄B＄2:Bi－1,“<”&Bi),例如第5行输入＝COUNTIF(＄B＄2:B4,“<”&B5),但D2＝0;

E列依次输入公式 ＝ Ei－1＋Di,例如第5行输入 ＝E4＋D5,但E2＝0;

F列依次输入公式 ＝Ci＊(Ci－1)/4,例如第5行输入 ＝C5＊(C5－1)/4,但F2＝0;

G列依次输入公式 ＝Ci＊(Ci－1)＊(2＊Ci＋5)/72,例如第5行输入 ＝C5＊(C5－1)＊(2＊C5＋5)/72,但G2＝0;

H列依次输入公式 ＝(Ei－Fi)/SQRT(Gi),例如第5行输入 ＝(E5－F5)/SQRT(G5),但H2＝0;

I列输入与B列顺序相反的温度数据;

J,K列计算方法与D,E列相同;

L列依次输入公式 ＝0－(Ki－Fi)/SQRT(Gi),例如第5行输入 ＝0－(K5－F5)/SQRT(G5),但L2＝0;

M列为与L列顺序相反的数据。

表2-2 Excel计算 UF_k,UB_k 统计量

年	平均温度	k	r	s_k	$E(s_k)$	$Var(s_k)$	UF_k	逆序列	r'	s_k'	UF_k'	UB_k
1962	4.98	1	0	0	0	0	0	6.13	0	0	0	4.19
1963	5.39	2	1	1	0.50	0.25	1.00	6.09	0	0	1.00	4.10
1964	5.72	3	2	3	1.50	0.92	1.57	5.13	0	0	1.57	4.23
1965	4.88	4	0	3	3.00	2.17	0	5.05	0	0	2.04	4.51
1966	5.02	5	2	5	5.00	4.17	0	5.69	2	2	1.47	4.36
1967	5.10	6	3	8	7.50	7.08	0.19	5.31	2	4	1.32	4.28
1968	5.19	7	4	12	10.50	11.08	0.45	5.61	3	7	1.05	4.21
1969	4.31	8	0	12	14.00	16.33	－0.49	5.86	5	12	0.49	4.19
1970	4.86	9	1	13	18.00	23.00	－1.04	6.73	8	20	－0.42	3.89
⋮	⋮	⋮	⋮	⋮	⋮	⋮	⋮	⋮	⋮	⋮	⋮	⋮

步骤2:画图。

选择 UF_k 和 UB_k 两个统计量序列,点击“插入图表—折线图”。给定显著性水平,如 $\alpha=0.05$,那么临界值 $U_{0.05}=\pm1.96$,将±1.96两条直线添加在折线图,调整图片格式,结果如图2-1所示。由图可知,该地区1962—2015年气温呈显著上升趋势,UF_k 和 UB_k 统计量有交点,且交点在置信直线范围之间,表明气温在1989年前后发生了突变。

2. MATLAB编程实现

步骤1:数据输入。

将数据存储在Excel文档中,第一列为年份,第二列为年平均温度[实习数据可通过扫描实习二后的资源下载码下载文件中的(2-1)]。数据可放在任意路径下(即不提前设定数据存储路径),可以通过弹出的窗口进行选择文件(其他数据格式输入见实习一,此处不再赘述)。

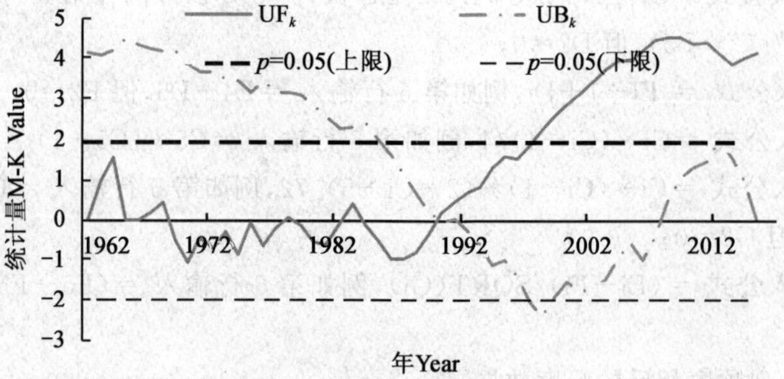

图 2-1 某地区平均温度长时间序列 M-K 统计量变化图(Excel 实现)

打开 MATLAB 软件,在命令窗口中输入代码[完整代码可通过扫描实习二后的资源下载码下载文件中的(2-2)]:

```
clear %清空环境变量
clc  %清空窗口内容
[filename filepath]=uigetfile('*.*','请选择文件');%filename 为文件名,filepath 为文件路径
if isequal(filename,0)
msgbox('您没有正确选择文件夹');
return;
end
Data=xlsread([filepath, filename]); %读取文件,并赋值给矩阵 Data
```

步骤 2:计算 UF_k 和 UB_k 序列值。

计算 UF_k 正序列值的难点在于秩序列 s_k 的计算,根据式(2-1),秩序列 s_k 是第 i 时刻数值大于 j 时刻数值个数的累计数,可以用双重 for 循环计算。

在命令窗口中接着输入代码:

```
y=Data(:,2);%平均温度序列
Sk=zeros(size(y)); %定义累计量序列 Sk,长度=y,初始值=0,Sk(1)=0
UFk=zeros(size(y)); %定义统计量 UFk,长度=y,初始值=0, UFk(1)=0
s = 0; %定义 Sk 序列的元素 s
for i=2:length(y)
for j=1:i
if y(i)>y(j)
s=s+1;
else
s=s+0;
end
end
Sk(i)=s;
```

```
E=i*(i-1)/4; % Sk(i)的均值
Var=i*(i-1)*(2*i+5)/72; % Sk(i)的方差
UFk(i)=(Sk(i)-E)/sqrt(Var);%正序列 UF 值
end
Sk2=zeros(size(y)); %定义逆序累计量序列 Sk2,长度=y,初始值=0,Sk(2)=0
UBk=zeros(size(y)); %定义逆序统计量 UBk,长度=y,初始值=0,UBk(1)=0
s=0;
y2=flipud(y); %按时间序列逆转平均温度序列
for i=2:length(y2)
    for j=1:i
        if y2(i)>y2(j)
            s=s+1;
        else
            s=s+0;
        end
    end
    Sk2(i)=s;
    E=i*(i-1)/4;     %均值
   Var=i*(i-1)*(2*i+5)/72;    %方差
UBk(i)=0-(Sk2(i)-E)/sqrt(Var);
end
UBk2=flipud(UBk); %逆序列 UB 值
```

步骤 3:画图及保存图片。

MATLAB 软件中 plot() 函数能够针对向量或矩阵的列来绘制曲线,是绘制二维图形的最基本函数。本例中的 M-K 检验图须调用函数 plot(x,y)来绘制 M-K 检验值(UF 线、UB 线)和 0.05 显著性水平下的置信水平直线,其中以年份为横坐标值,M-K 检验值为纵坐标值绘制曲线。

绘制 M-K 检验图的代码如下:

```
x=Data(:,1);%年份序列
n=length(x);%年份序列的长度
figure %做图
set(gcf,'unit','centimeters','position',[3 5 12 6]) %设置图形的位置及大小
set(gca,'Position',[.15 .18 .8 .78]);%设置图片比例大小
plot(x,UFk,'r-','linewidth',1.5);%画 UF 线
hold on
plot(x,UBk2,'b-.','linewidth',1.5);%画 UB 线
plot(x,1.96*ones(n,1),'k:','linewidth',1);
axis([min(x),max(x),-5,5]);%设置 X 轴范围和间距
set(gca, 'FontSize', 8) %设置图例和坐标轴字体大小
```

```
xlabel('年 Year','FontName','TimesNewRoman','FontSize',10);%X 轴标题
ylabel('统计量 MK Value','FontName','TimesNewRoman','Fontsize',10);%Y 轴标题
hold on
plot(x,-1.96 * ones(n,1),'k:','linewidth',1);
plot(x,0 * ones(n,1),'k-.','linewidth',1);%图片绘制完毕
legend('UF 统计量','UB 统计量','0.05 显著水平');%设置图例
legend('Orientation','horizon','location','south');%图例横排
legend('boxoff')   %设置图例为无边框
[FileName,PathName] = uiputfile({'*.jpg','JPEG(*.jpg)';...
'*.bmp','Bitmap(*.bmp)';...
'*.gif','GIF(*.gif)';...
'*.png','png file(*.png)';...
'*.*',  'All Files (*.*)'},...
'Save Picture','图片');%选择图片保存的位置,名称和格式
if FileName==0
msgbox('No Filename Selected');
return;
else
saveas(gca,[PathName,FileName]);%保存图片
end
```

图片结果如图 2-2 所示。由图可知,该地区 1962—2015 年气温呈显著上升趋势,UF 和 UB 统计量有交点且交点在置信直线范围之间,表明气温在 1989 年前后发生了突变。

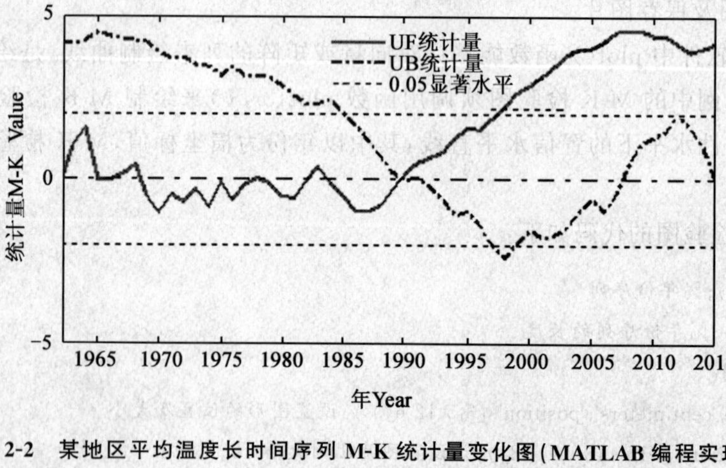

图 2-2 某地区平均温度长时间序列 M-K 统计量变化图(MATLAB 编程实现)

3. 突变分析和检验软件

应用气候学实习-突变分析和检验软件 V1.0(图 2-3)基于 MATLAB-GUI 制作。该软件能够支持 txt,xls 和 mat 格式的文件,同时支持单个文件输入和批量文件输入。为与课程相匹配,软件设置了“原理方法介绍”模块,方便学生学习和理解 M-K 检验的原理和计算方法。

图 2-3　突变分析和检验软件主界面

数据输入成功后，软件“数据信息”面板中能够显示输入的数据名称、数据格式、存储路径和要素均值、极大值、极小值等内容。点击“计算”按钮，“结果面板”会显示 M-K 检验的结果，包括突变点个数、突变年份和显著性，如图 2-4(a)所示。批量文件输入时，“结果面板”会显示每一个文件的名称及相应的 M-K 检验结果，如图 2-4(b)所示。

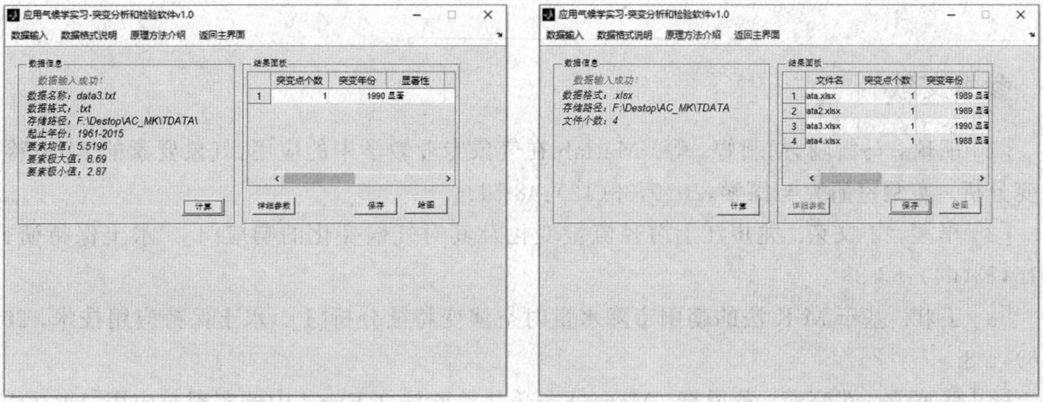

(a)单文件输入计算界面　　(b)批量文件输入计算界面

图 2-4　突变分析和检验软件计算界面

对于单个文件输入时，软件提供了查看“详细参数”和“绘图”的功能。详细参数如图 2-5(a)所示；绘图功能能够显示 M-K 检验图和添加突变点信息，如图 2-5(b)所示。

五、实习作业

任选 Excel、MATLAB、专业软件中的 2 种方式，运用 M-K 检验法分析北京地区 1961—2015 年的年平均风速是否出现突变，画出趋势图，写出计算过程。气象数据可通过扫描实习二后的资源下载码下载文件中的(2-3)。

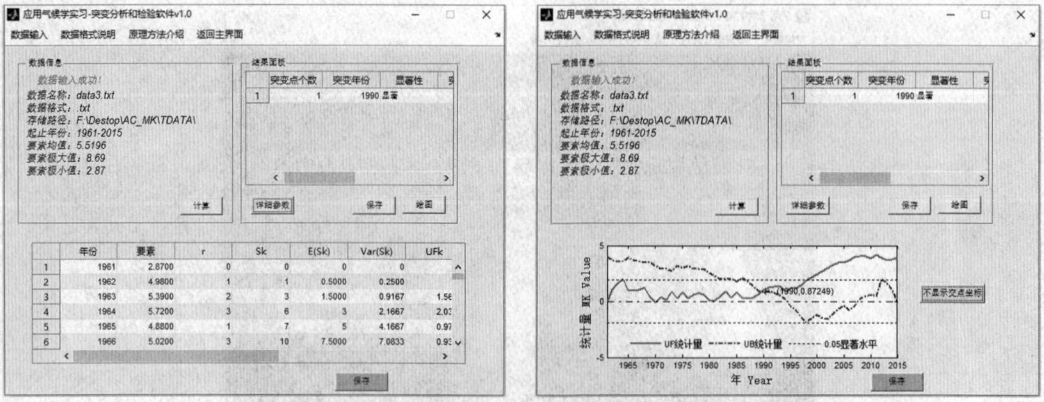

(a)详细参数　　　　　　　　　　(b)绘图功能

图 2-5　突变分析和检验软件中查看详细参数和绘图功能

实习二　资源下载码(2-1 至 2-3)

参考文献

[1] 胡琦，马雪晴，胡莉婷，等. Matlab 在气象专业教学中的应用：气象要素的 M-K 检验突变分析. 实验室研究与探索，2019，38(12)：48-51.

[2] 李澜，丁文荣. 龙川江上游径流量变化及其对气候变化的响应[J]. 水土保持研究，2016，23(04)：83-88.

[3] 王壮. 基于 M-K 法的朝阳市降水量时空演变特征分析[J]. 水土保持应用技术，2017(06)：4-8.

[4] 张盛霖，邓高燕，黄勇奇. Mann-Kendall 检验法在 Excel 中的实现与应用[EB/OL]. 北京：中国科技论文在线[2014-06-27]. http://www.paper.edu.cn/releasepaper/content/201406-448.

实习三　气候要素变化特征的求算方法之三——小波分析

小引：受到地球外部和本身因素的影响，气候具有周期性的变化。经过几个世纪的研究，气候学家发现陆地上观测到的气候变化与太阳活动的 11 年周期有着一定的联系。最新的研究结果表明，全球气候变化具有 3 亿 a、10 万 a、4 万 a、2 万 a、1 500～1 800 a、200 a 和 60 a 周期波动。

事实上，气候变化并不存在真正意义上的周期性，而是其变化周期随着研究尺度的不同而发生相应的变化，这种变化一般表现为小时间尺度的变化周期嵌套在大尺度的变化周期之中。那么，我们该如何去研究气候变化中的周期性？区域的气候要素变化是否还具有更小尺度的周期性特征呢？

20 世纪 80 年代初，Jean Morlet 提出了一种同时具有时域和频域多分辨功能的小波分析(wavelet analysis)方法。与传统的傅里叶分析和滤波分析方法相比，小波分析能清晰地揭示出隐藏在时间序列中的多种变化周期，充分反映系统在不同时间尺度中的变化趋势。本实习主要讲解小波分析理论在多时间尺度分析中的应用。

一、实习目的

学习运用小波分析方法进行多时间尺度的分析。

二、实习内容

基于逐年的降水量数据，理解和运用小波分析理论计算小波系数，绘制小波系数图、小波方差图和主周期变化趋势图，并理解各图在分析降水量多时间尺度变化中的作用。

三、实习原理和计算方法

1. 小波函数

小波分析的基本思想是用一簇小波函数系来表示或逼近某一信号或函数。因此，小波函数是小波分析的关键，它是指具有振荡性，能够迅速衰减到零的一类函数，即小波函数 $\Psi(t) \in L^2(R)$ ，且满足：

$$\int_{-\infty}^{+\infty} \Psi(t)\,\mathrm{d}t = 0 \qquad (3\text{-}1)$$

式中：$\Psi(t)$为基小波函数，它可通过尺度的伸缩和时间轴上的平移构成一簇函数系。

$$\Psi_{a,b}(t) = |a|^{-1/2}\Psi\left(\frac{t-b}{a}\right) \quad (a,b \in R, a \neq 0) \qquad (3\text{-}2)$$

式中：$\Psi_{a,b}(t)$ 为子小波；a 为尺度因子，反映小波的周期长度；b 为时间因子，反映时间上的平移。

目前有很多小波函数可选用,如哈尔小波(Haar wavelet)、墨西哥帽状小波(Mexico hat wavelet)、莫莱小波(Morlet wavelet)、多贝西小波(Daubechies wavelet)等。

需要说明的是,选择合适的基小波函数是进行小波分析的前提。在实际应用研究中,研究者应针对具体情况选择所需的基小波函数。同一信号或时间序列,若选择不同的基小波函数,所得的结果往往会有所差异,有时甚至差异很大。目前,研究者主要是通过对比不同小波分析处理信号时所得的结果与理论结果的误差来判定基小波函数的好坏,并由此选定该类研究所需的基小波函数。

实际上,子小波 $\Psi_{a,b}(t)$ 是信号 $f(t)$ 和小波函数 $\Psi\left(\frac{t-b}{a}\right)$ 的相关系数,反映了在尺度 a、位置 b 处的小波 $\Psi_{a,b}(t)$ 与信号 $f(t)$ 之间的相似程度。因此,选择最优小波的原则是:①被选定的小波函数和被分析信号具有相似性;②被选定的小波函数的功率谱与被分析信号的功率谱相匹配。例如,分析水文序列中常用的小波函数是墨西哥帽状小波函数和莫莱小波函数。

2. 小波变换

若 $\Psi_{a,b}(t)$ 是由式(3-2)给出的子小波,对于给定的能量有限信号 $f(t)\in L^2(R)$,其连续小波变换(continue wavelet transform,CWT)为:

$$W_f(a,b)=|a|^{-1/2}\int_R f(t)\overline{\Psi}\left(\frac{t-b}{a}\right)\mathrm{d}t \tag{3-3}$$

式中:$W_f(a,b)$ 为小波变换系数;$f(t)$ 为一个信号或平方可积函数;a 为伸缩尺度;b 为平移参数;$\overline{\Psi}\left(\frac{t-b}{a}\right)$ 为 $\Psi\left(\frac{t-b}{a}\right)$ 的复共轭函数。

地学中观测到的时间序列数据大多是离散的,设函数 $f(k\Delta t)(k=1,2,\cdots,N;\Delta t$ 为取样间隔),则式(3-3)的离散小波变换形式为:

$$W_f(a,b)=|a|^{-1/2}\Delta t\sum_{k=1}^{N}f(k\Delta t)\overline{\Psi}\left(\frac{k\Delta t-b}{a}\right) \tag{3-4}$$

由式(3-3)或式(3-4)可知小波分析的基本原理,即通过增加或减少伸缩尺度 a 来得到信号的低频或高频信息,然后分析信号的概貌或细节,实现对信号不同时间尺度和空间局部特征的分析。

实际研究中,最主要的就是要由小波变换方程得到小波系数,然后通过这些系数来分析时间序列的时频变化特征。

3. 小波方差

将小波系数的平方值在 b 域上积分,就可得到小波方差,即

$$\mathrm{Var}(a)=\int_{-\infty}^{\infty}|W_f(a,b)|^2\mathrm{d}b \tag{3-5}$$

小波分析随尺度 a 的变化过程,称为小波方差图。由式(3-5)可知,它能反映信号波动的能量随尺度 a 的分布。因此,小波方差图可用来确定信号中不同种尺度扰动的相对强度和存在的主要时间尺度,即主周期。

四、实习方法和步骤

表 3-1 为某气象站 1961—2015 年降水量数据序列[实习数据可通过扫描实习三后的资源下载码下载文件中的(3-1)]，试运用小波分析理论，计算小波系数，绘制小波系数图(实部、模和模方)以及小波方差图和主周期变化趋势图，并根据各图结果识别降水量时间序列中存在的多时间尺度。

小波分析方法计算复杂，难以用 Excel 实现，故本实习介绍 MATLAB 软件实现的方法[完整代码可通过扫描实习三后的资源下载码下载(3-2)]。

表 3-1　某气象站 1961—2015 年降水量数据

年份	降水量/mm	年份	降水量/mm	年份	降水量/mm	年份	降水量/mm
1961	583.1	1975	405.1	1989	566.2	2003	522.0
1962	525.2	1976	565.8	1990	856.4	2004	681.8
1963	487.6	1977	927.2	1991	923.8	2005	574.6
1964	918.7	1978	804.8	1992	587.7	2006	579.7
1965	585.8	1979	748.2	1993	454.8	2007	584.7
1966	698.2	1980	352.9	1994	892.8	2008	654.8
1967	852.6	1981	479.3	1995	623.3	2009	564.5
1968	536.9	1982	710.9	1996	854.3	2010	536.4
1969	925.9	1983	481.5	1997	555.7	2011	581.9
1970	675.2	1984	577.7	1998	646.5	2012	856.6
1971	506.0	1985	872.9	1999	389.1	2013	589.4
1972	478.0	1986	717.6	2000	376.8	2014	561.6
1973	776.2	1987	770.2	2001	656.4	2015	619.7
1974	640.2	1988	622.0	2002	523.6		

步骤 1：数据输入。实习数据可通过扫描实习三后的资源下载码下载文件中的(3-1)，其他格式的数据输入参见实习一，此处不再赘述。

```
clear %清空环境变量
clc  %清空窗口内容
[filename filepath]=uigetfile('*.*','请选择文件');%filename 为文件名,filepath 为文件路径
if isequal(filename,0)
  msgbox('您没有正确选择文件夹');
  return;
  end
  Data=xlsread([filepath, filename]); %读取文件,并赋值给矩阵 Data
```

步骤 2：边界效应的消除或减小。本例中的年降水量数据为有限时间数据序列，故在时间序列的两端可能会产生“边界效应”。为消除或减小序列开始点和结束点附近的边界效应，须

对其两端数据进行延伸。在进行完小波变换后，去掉两端延伸数据的小波变换系数，保留原数据序列时段内的小波系数。MATLAB 中数据延伸的函数为 wextend(TYPE，MODE，X，LEN)，表示使用 TYPE 方法和 MODE 模式，按长度 LEN 扩展向量或矩阵 X。其中：TYPE 可取值为 1，2，ar，ac，分别为一维、二维、添加行、添加列；MODE 为数据延伸方式，如 zpd (zero-pad extension，0 延伸)，symw(whole-point symmetric extension，对称性两端延伸)，per (periodic extension，周期延伸)等。本实习采用的是对称性两端延伸进行计算，接着输入代码：

```
LEN=round(length(Data)/2);
Data_tend=wextend(1,'symw',Data(:,2),LEN);%对称性两端延伸
```

Data_tend 为延伸后的数据，可以看到与原数据相比，延伸后的数据分别在原数据的前后增加了 28 个数据。

步骤 3：计算小波系数。利用 MATLAB 中 Morlet 复小波函数(cwt-cmor)对延伸后的数据序列进行小波变换。MATLAB 有很多自带的小波函数，如利用 wavemngr('read'，1)可以进行小波的查看，利用 waveinfo 可以查看小波的相关信息。

```
scales=[1:1:32]; %时间尺度
wf=cwt(Data_tend,scales,'cmor1-1.5','plot'); %连续小波变换得到小波系数矩阵，选择 morlet 复小波函数
```

步骤 4：计算 Morlet 复小波系数的实部。选择去除两端延伸数据的小波系数，并计算小波系数实部(real 函数)。

```
wf1=wf(:,LEN+1:LEN+55);%选择去除两端延伸数据的小波系数
Real_Part=real(wf1);%计算小波系数实部
```

步骤 5：绘制小波系数实部等值线图。应用 MATLAB 中 contourf 函数，绘制年降水量小波系数实部等值线图。

```
set(gcf,'unit','centimeters','position',[3 5 12 6]) ;%设置图形的位置及大小
set(gca,'Position',[.15 .18 .8 .78]);%设置图片比例大小
contourf(year,scales,Real_Part,10,'-');
colormap('HSV');
colorbar;
grid on;
xlabel('年份 Year','FontName','TimesNewRoman','FontSize',10);%X 轴标题
ylabel('时间尺度 Period Scale/a','FontName','TimesNewRoman','FontSize',10);%Y 轴标题
```

结果如图 3-1 所示，其中横坐标为年份，纵坐标为时间尺度，图中的等值曲线为小波系数实部值。小波系数实部等值线图能反映年降水量序列不同时间尺度的周期变化及其在时间域中的分布，进而能判断在不同时间尺度上，年降水量的未来变化趋势。由图 3-1 可以看出，降水量在 1961—2015 年演化过程中存在着 22～32 a、13～20 a 及 3～7 a 的 3 类时间尺度的周期变化规律，其中在 22～32 a 尺度上出现了枯-丰交替的 3 次振荡，在 13～20 a 尺度上存在 5 次振荡。

步骤 6：绘制小波系数模和模方等值线图。计算小波系数的模和模方，再应用 MATLAB 中 contourf 函数，绘制年降水量小波系数模和模方等值线图。

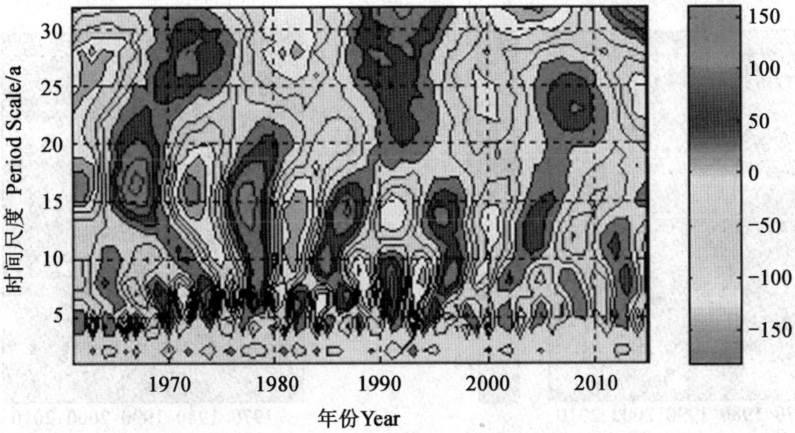

图 3-1 1961—2015 年降水量小波系数实部等值线图

```
mo=abs(wf1);%小波系数模
mofang=mo.^2;%小波系数模方
close all
set(gcf,'unit','centimeters','position',[3 8 20 7]); %设置图形的位置及大小
set(gca,'Position',[.15 .18 .8 .78]);%设置图片比例大小
subplot(121);%绘制小波系数模等值线图
contourf(year,scales,mo,10,'-');
colormap('HSV');
colorbar;
grid on;
xlabel('年份 Year','FontName','TimesNewRoman','FontSize',10);%X 轴标题
ylabel('时间尺度 Period Scale/a','FontName','TimesNewRoman','FontSize',10);%Y 轴标题
hold on
subplot(122);%绘制小波系数模方等值线图
contourf(year,scales,mofang,10,'-');
colormap('HSV');
colorbar;
grid on;
xlabel('年份 Year','FontName','TimesNewRoman','FontSize',10);%X 轴标题
ylabel('时间尺度 Period Scale/a','FontName','TimesNewRoman','FontSize',10);%Y 轴标题
```

结果如图 3-2 所示,小波系数的模值是不同时间尺度变化周期所对应的能量密度在时间域中分布的反映,模值越大,表明其所对应时段或尺度的周期性就越强。从图中可以看出,在降水量演化过程中,22～32 a、13～20 a 和 3～7 a 的时间尺度模值最大(大于 150),存在较强的周期性。

小波系数的模方相当于小波能量谱,它可以分析出不同周期的振荡能量。由图 3-2 可知,13～20 a 和 3～7 a 时间尺度的能量最强、周期最显著,但它的周期变化具有局部性(1985 年以后 13～20 a 和 3～7 a 的时间尺度模方减少,说明在此时段内,这两个时间尺度的周期变化不

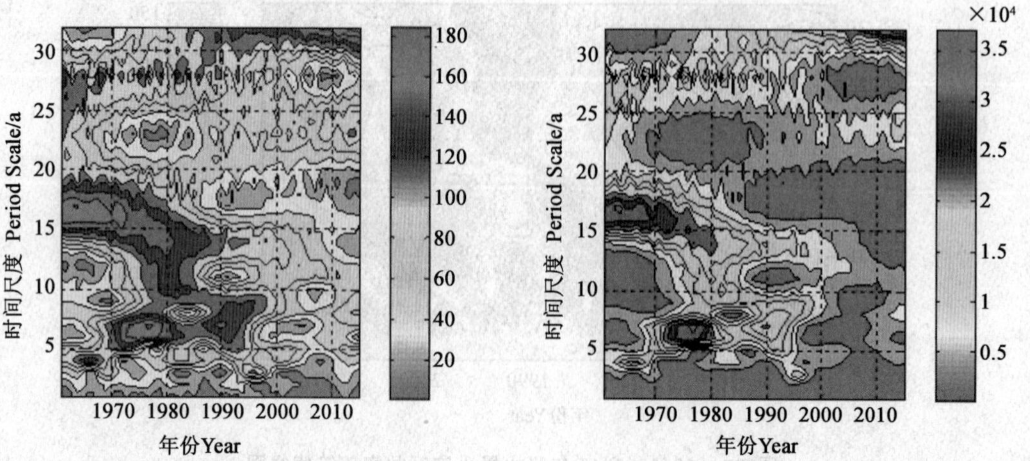

图 3-2 1961—2015 年降水量小波系数模和模方等值线图

显著）；22～32 a 时间尺度的能量虽然较弱，但周期分布比较明显，几乎占据整个研究时域（1961—2015 年）。

步骤 7：计算小波方差，绘制小波方差图。小波方差是模的平方的算数平均值，小波方差图能反映降水量时间序列的波动能量随时间尺度的分布情况，可用来确定降水量演化过程中存在的主周期。

```
fangcha=mean(mofang,2);%小波系数方差,小波方差是模的平方的算数平均
close all
set(gcf,'unit','centimeters','position',[3 5 12 6]); %设置图形的位置及大小
set(gca,'Position',[.15 .18 .8 .78]);%设置图片比例大小
plot(fangcha,'k-','linewidth',0.5);
xlim([1,max(scales)]);%对 X 轴设定显示范围
ylabel('小波方差 Wavelet variance','FontName','TimesNewRoman','FontSize',10);%X 轴标题
xlabel('时间尺度 Period Scale/a','FontName','TimesNewRoman','FontSize',10);%Y 轴标题
```

结果如图 3-3 所示，小波方差图中存在 3 个较为明显的峰值，它们从小至大依次对应着 7 a、15 a 和 32 a 的时间尺度。其中：最大峰值对应着 32 a 的时间尺度，说明 32 a 左右（时间尺度）的周期振荡最强，为年降水量变化的第一主周期；15 a 时间尺度对应着第二峰值，为第二主周期；7 a 时间尺度对应着第三峰值，为第三主周期。上述 3 个周期的波动控制着降水量在整个时间域内的变化特征。

步骤 8：绘制主周期趋势图。根据小波方差检验的结果，选择第一和第二主周期相应年尺度的小波系数实部，绘制演变的第一和第二主周期小波系数图。

```
close all
set(gcf,'unit','centimeters','position',[3 8 20 7]); %设置图形的位置及大小
set(gca,'Position',[.15 .18 .8 .78]);%设置图片比例大小
subplot(121);%绘制小波系数模等值线图
plot(year,Real_Part(32,:),'k-','linewidth',0.5);
```

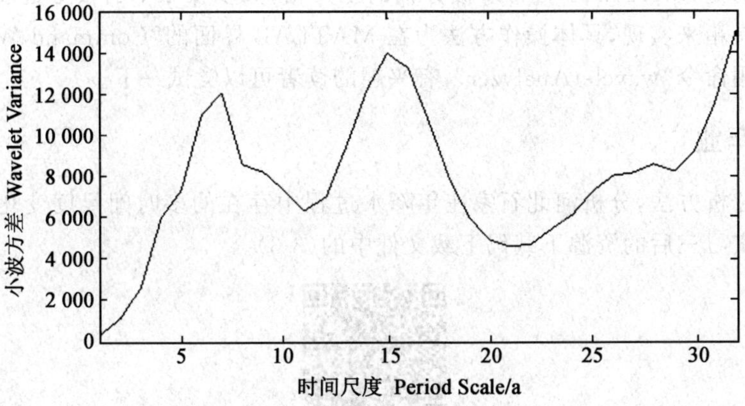

图 3-3　1961—2015 年降水量小波方差图

```
title('a.32 年特征时间尺度');
xlim([min(year),max(year)]);%对 X 轴设定显示范围
xlabel('年份 Year','FontName','TimesNewRoman','FontSize',10);%X 轴标题
ylabel('实部值 Real part coefficient','FontName','TimesNewRoman','FontSize',10);%Y 轴标题
subplot(122);%绘制小波系数模等值线图
plot(year,Real_Part(15,:),'k-','linewidth',0.5);
title('b.15 年特征时间尺度');
xlim([min(year),max(year)]);%对 X 轴设定显示范围
xlabel('年份 Year','FontName','TimesNewRoman','FontSize',10);%X 轴标题
ylabel('实部值 Real part coefficient','FontName','TimesNewRoman','FontSize',10);%Y 轴标题
```

结果如图 3-4 所示，从主周期趋势图中可以分析出在不同的时间尺度下，降水量存在的平均周期及丰-枯变化特征。在 32 a 特征时间尺度上[图 3-4(a)]，降水量变化的平均周期为 20 a，大约经历了 2 个丰-枯转换期；而在 15 a 特征时间尺度上[图 3-4(b)]，降水量变化的平均周期为 10 a，大约经历了 5 个丰-枯转换期。

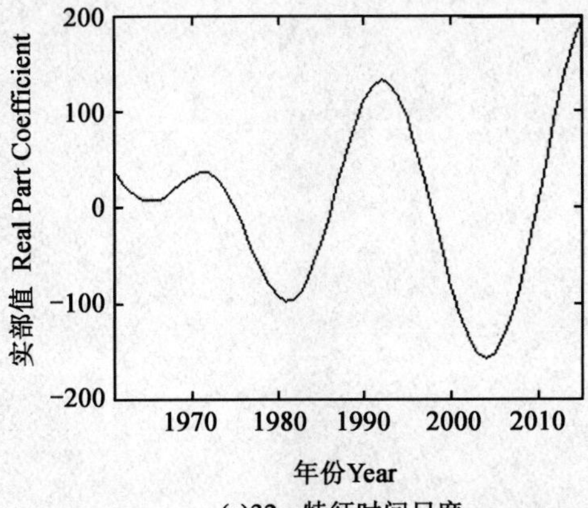

(a)32 a 特征时间尺度

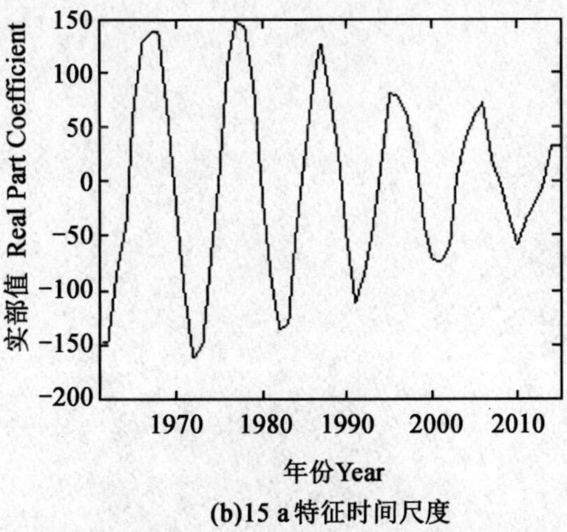

(b)15 a 特征时间尺度

图 3-4　1961—2015 年降水量变化的 32 a 和 15 a 特征时间尺度小波实部图

值得一提的是，MATLAB 自带小波分析的工具箱，如步骤 2 中的数据延展和小波变换等都可以通过工具箱来实现，具体操作方法为在 MATLAB 界面的“Command Window”中输入小波工具箱调用命令“waveletAnalyzer”，有兴趣的读者可以尝试一下。

五、实习作业

试用小波分析方法，分析河北石家庄年降水过程中存在的多时间尺度变化特征。气象数据可通过扫描实习三后的资源下载码下载文件中的(3-3)。

实习三　资源下载码(3-1 至 3-3)

参考文献

[1] 姜晓艳，刘树华，马明敏，等. 东北地区近百年降水时间序列变化规律的小波分析[J]. 地理研究，2009，28(02)：354-362.

[2] 匡正，季仲贞，林一骅. 华北降水时间序列资料的小波分析[J]. 气候与环境研究，2000(03)：312-317.

[3] 刘东，付强. 基于小波变换的三江平原井灌区主汛期降水序列多时间尺度分析[J]. 水土保持研究，2008，15(06)：42-45.

[4] 马秀红，曹继平，董晟飞. 小波分析及其应用[J]. 计算机技术与发展，2003，13(08)：93-94＋100.

[5] 徐继红. 乌鲁木齐河流域 60 余年降水量的 Morlet 小波分析[J]. 水资源开发与管理，2018(03)：70-72.

实习四　农业气候要素保证率的求算方法

小引:在进行农业气候分析或提供农业气候建议时,不能只利用气候要素的多年平均值来分析问题。因为利用气候要素多年平均值分析问题,得出的结论只能反映50%的可能性(保证程度)。而农业气候建议至少要考虑10年有8年可以获得成功,即要有80%以上的保证程度,才是可行的。

这样,就需要求算气候要素的保证率。

一、实习目的

学习求算农业气候要素保证率的方法。

二、实习内容

基于某气象站点1962—2015年各年的年平均温度,分别用Excel、MATLAB、专业软件等实现运用经验频率法、分组法、均方差法求算保证率,并学会保证率曲线图的绘制方法。

三、实习原理和计算方法

保证率是指某段时间内,某气象要素高于(或低于)某一界限指标的频率总和,代表某气象要素高于(或低于)某界限值的可靠程度,计算的方法有经验频率法、分组法、均方差法等。

四、实习方法和步骤

表4-1为某气象站1962—2015年的年平均温度数据序列,试求算该地区的80%保证率下的平均温度值。

1. Excel实现

(1)经验频率法

这种方法一般只适用于所研究的要素的数量变化范围不大,要素为不连续变量,以及资料年代不过长的情况。要素可为非正态分布。

表 4-1 某气象站 1962—2015 年的年平均温度

年份	温度/℃	年份	温度/℃	年份	温度/℃	年份	温度/℃
1962	4.98	1976	4.58	1990	6.06	2004	6.18
1963	5.39	1977	5.37	1991	5.40	2005	5.52
1964	5.72	1978	5.24	1992	5.38	2006	6.46
1965	4.88	1979	4.91	1993	5.30	2007	6.73
1966	5.02	1980	4.84	1994	6.18	2008	5.86
1967	5.10	1981	4.98	1995	5.58	2009	5.61
1968	5.19	1982	5.54	1996	5.20	2010	5.31
1969	4.31	1983	5.67	1997	5.80	2011	5.69
1970	4.86	1984	4.31	1998	6.81	2012	5.05
1971	5.28	1985	4.67	1999	6.47	2013	5.13
1972	4.90	1986	4.49	2000	6.00	2014	6.09
1973	5.23	1987	4.96	2001	6.16	2015	6.13
1974	4.60	1988	5.18	2002	6.42		
1975	5.88	1989	5.41	2003	6.70		

正态分布(normal distribution),也称"常态分布",是由德国的数学家和天文学家 Moivre 于 1733 年首次提出的,但由于德国数学家高斯(Gauss)率先将其应用于天文学研究,故正态分布又叫高斯分布。正态曲线呈钟形,两头低,中间高,左右对称。因其曲线呈钟形,人们又经常称之为钟形曲线,如图 4-1 所示。任何一个地点的气温,其出现不同值的概率一般符合正态分布,所以气温几乎成为气象学中理解正态分布的典型实例。

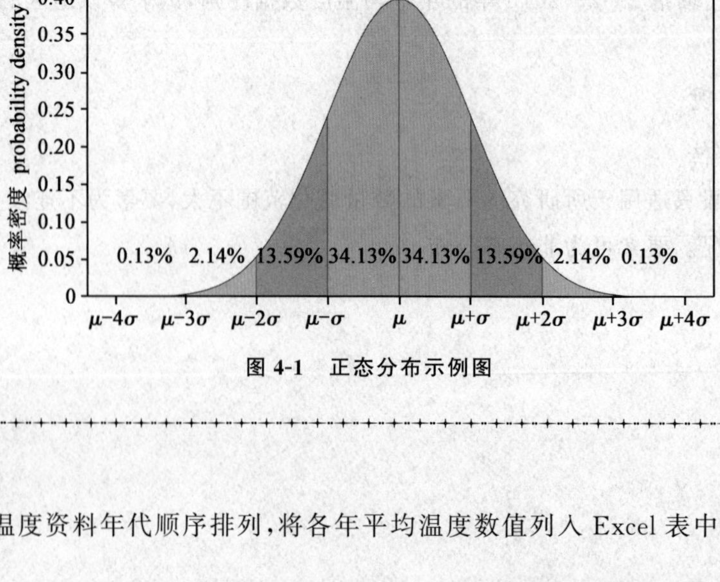

图 4-1 正态分布示例图

计算步骤:

①按平均温度资料年代顺序排列,将各年平均温度数值列入 Excel 表中第 1～2 列,如表

4-2 所示。

②按平均温度资料数值大小依递减次序排列，列入第 3 列。

③将平均温度递减次序排列进行编号，列入第 4 列。

表 4-2 经验频率法求算某地区年平均温度保证率(1962—2015 年)

年份	平均温度/℃	平均温度排序/℃	序号	保证率/%
1962	4.98	6.81	1	1.82
1963	5.39	6.73	2	3.64
1964	5.72	6.70	3	5.45
1965	4.88	6.47	4	7.27
1966	5.02	6.46	5	9.09
1967	5.10	6.42	6	10.91
1968	5.19	6.18	7	12.73
1969	4.31	6.18	8	14.55
1970	4.86	6.16	9	16.36
⋮	⋮	⋮	⋮	⋮
2013	5.13	4.49	52	94.55
2014	6.09	4.31	53	96.36
2015	6.13	4.31	54	98.18

④根据公式 $P=\frac{m}{n+1}\times 100\%$，求算各序号的保证率。

式中：n 为整个序列号，即资料年代数；m 为新排列的序列中的序号，m 由 1 到 n；P 为保证率(%)。

将各序号求得的保证率值填入第 5 列。

⑤制作经验频率(保证率)曲线：纵坐标为保证率，横坐标为平均温度，即选择第 3 列和第 5 列数值，点击“插入图表—XY 散点图”，并将各点连成平滑曲线，即平均温度保证率曲线图，调整图片格式，结果如图 4-2 所示。

⑥从保证率曲线(图 4-2)中，即可查出不同等级保证率所对应的年平均温度，如该地区 80%保证率下的平均温度值为 4.9℃。

(2)分组法

要素可以为非正态分布。

计算步骤：

①在要素统计序列中选取最大值及最小值。

②将资料进行分组：在最大值与最小值之间分成若干组，以便分组求算各组中该要素值出现的次数与频率。

划分的组数不宜过多或过少，否则将会影响计算保证率的精确度。一般经验认为，划分组数要满足以下要求：$5\lg n \geqslant N > 2.5\lg n$（$N$ 为组数；n 为统计序列总数），以 6～8 组为宜。资料在 25～50 a 的，一般分成 6～8 组。根据确定的组数计算每一组的上限和下限值。

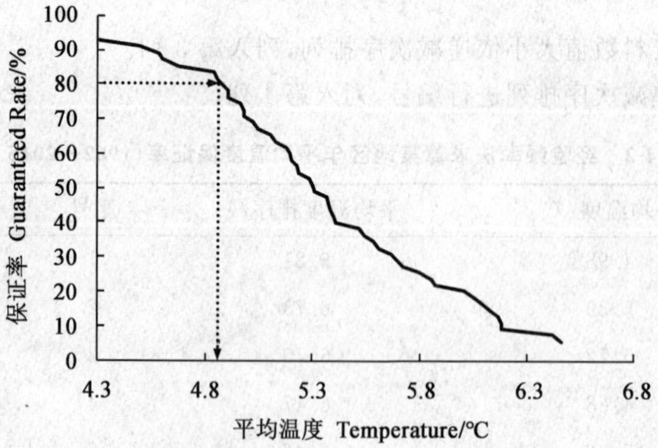

图 4-2 某气象站点年平均温度保证率曲线(1962—2015 年)

③统计各组段该要素值出现的次数(频数)及频率(%):

每组频率=[每组频数(出现次数)/统计序列总数]×100%。

④计算保证率(%):将各组频率依次进行累加,并填入表 4-3 的相应位置。

以本实习为例,该气象站点 54 a 资料中的年平均温度最大值为 6.81℃,最小值为 4.31℃,则宜分为 8 组,每组组距为 0.35℃,然后根据 54 a 平均温度资料分别找出各组中出现的次数(频数)、频率及保证率(%)或累积频率(%),如表 4-3 所示。

⑤根据表 4-3,绘制保证率曲线图,方法基本同经验频率法。绘制图时,各保证率值均应绘在组距的下限值上,即选择表 4-3 中的下限列和保证率列数值,点击"插入图表—XY 散点图",绘制保证率曲线图。

⑥根据保证率曲线,查出各等级保证率所对应的要素值,方法同经验频率法。

表 4-3 分组法求算某地区年平均温度保证率(1962—2015 年)

组限/℃		频数 f/次	频率=(f/n)×100%/%	保证率/%
上限	下限			
6.94	6.60	3	6	6
6.59	6.25	3	6	11
6.24	5.90	7	13	24
5.89	5.55	8	15	39
5.54	5.20	13	24	63
5.19	4.85	13	24	87
4.84	4.50	4	7	94
4.49	4.15	3	6	100

(3)均方差法

利用均方差法求算保证率,其前提条件是要素资料年代长,且为正态分布。

计算步骤:

①计算 1962—2015 年的年平均温度的平均值和均方差,使用 Excel 中 STDEV 函数可以

方便计算均方差:在对应单元格输入公式,在括号内选择平均温度列数值计算出均方差,结果为 0.626℃,1962—2015 年的年平均温度的平均值为 5.46℃。

②求不同保证率情况下与 1962—2015 年的年平均温度平均值的偏差温度:用均方差乘以各保证率等级的标准化系数。

③根据偏差温度与温度平均值确定出不同保证率(可能性)条件下的温度,如该地区 80% 保证率下的平均温度值为 4.93℃(表 4-4)。

④根据需要,也可以由表 4-4 资料绘制保证率曲线图,方法基本同经验频率法。

表 4-4　均方差法求算某地区年平均温度保证率(1962—2015 年)

保证率/%	5	10	20	30	40	50	60	70	80	90	95
标准化系数	−1.65	−1.28	−0.84	−0.52	−0.25	0	0.25	0.52	0.84	1.28	1.65
偏差温度/℃	1.03	0.80	0.53	0.33	0.16	0	−0.16	−0.33	−0.53	−0.80	−1.03
各保证率下的温度/℃	6.49	6.26	5.98	5.78	5.61	5.46	5.30	5.13	4.93	4.66	4.43

保证率统计是有方向性的,故分组法中组限的排列和均方差法中标准化系数的正负号也是有方向性的。

若某一气象要素的数值越大对农业越有利(如降水量、积温、无霜期等),就求大于某一界限值的保证率。此时较大值为上限,较小值为下限;较大保证率的标准化系数为正,较小保证率的标准化系数为负。

若某一气象要素的数值越小对农业越有利(如暴雨日数、终霜冻日等),就求小于某一界限值的保证率。此时较小值为上限,较大值为下限;较小保证率的标准化系数为正,较大保证率的标准化系数为负。

总之,越难达到的,保证率就越高。

有关求算保证率时使用的气候资料年代问题:

为了使求算结果误差小,应尽量使用长年代资料。如积温等温度资料至少要在 20～30 a;而降水量年际稳定性差,所以至少要有 30～40 a 的资料,才可求算保证率。

2. MATLAB 编程实现

将数据存储在 Excel 文档中,第一列为年份,第二列为年平均温度[实习数据可通过扫描实习四后的资源下载码下载文件中的(4-1)]。数据可放在任意路径下(即不提前设定数据存储路径),可以通过弹出的窗口进行选择文件(其他数据格式输入见实习一,此处不再赘述,直接提供完整代码,不再分步骤讲解)。

(1)经验频率法[完整代码可通过扫描实习四后的资源下载码下载文件中的(4-2)]

```
clear %清空环境变量
clc  %清空窗口内容
[filename filepath]=uigetfile('*.*','请选择文件');%filename 为文件名,filepath 为文件路径
if isequal(filename,0)
msgbox('您没有正确选择文件夹');
```

```
        return;
    end
    Data=xlsread([filepath, filename]); %读取文件,并赋值给矩阵 Data
    Paixu=sort(Data(:,2),'descend');%将温度列从大到小排序
    n=length(Data);%序列长度
    Xuhao=1:n;%序号
    Xuhao_rate=Xuhao/(n+1)*100;%各序号的保证率
    figure %做图
    plot(Paixu,Xuhao_rate,'r','linewidth',1.5);%画保证率曲线图
    set(gcf,'unit','centimeters','position',[3 5 12 6]) %设置图形的位置及大小
    set(gca,'Position',[.15 .18 .8 .78]);%设置图片比例大小
    xlim([min(Data(:,2)),max(Data(:,2))]);%对 X 轴设定显示范围
    xlabel('温度 Temperature ℃','FontName','TimesNewRoman','FontSize',10);%X 轴标题
    ylabel('保证率 Guaranteed rate %','FontName','TimesNewRoman','FontSize',10);%Y 轴标题
```

(2)分组法[完整代码可通过扫描实习四后的资源下载码下载文件中的(4-3)]

```
    clear %清空环境变量
    clc  %清空窗口内容
    [filename filepath]=uigetfile('*.*','请选择文件');%filename 为文件名,filepath 为文件路径
    if isequal(filename,0)
    msgbox('您没有正确选择文件夹');
        return;
    end
    Data=xlsread([filepath, filename]); %读取文件,并赋值给矩阵 Data
    n=length(Data);%序列长度
    N=floor(5*log10(n));%组数
    Interc=(max(Data(:,2))*(1+0.05)-min(Data(:,2))*(1-0.05))/N;%组距
    for i=1:N
        G(i,1)=max(Data(:,2))*1.05-(i-1)*Interc;%上限
        G(i,2)=max(Data(:,2))*1.05-i*Interc;%下限
        %G(N,3)=sum(Data(:,2)>=G(N,1)&Data(:,2)<G(N,1));%频数
        G(i,3)=sum(Data(:,2)>=G(i,2)&Data(:,2)<G(1,1))/n*100;%保证率
    end
    figure %做图
    plot(G(:,2),G(:,3),'r','linewidth',1.5);%画保证率曲线图
    set(gcf,'unit','centimeters','position',[3 5 12 6]) %设置图形的位置及大小
    set(gca,'Position',[.15 .18 .8 .78]);%设置图片比例大小
    xlim([G(end,2),G(1,2)]);%对 X 轴设定显示范围
    xlabel('温度 Temperature ℃','FontName','TimesNewRoman','FontSize',10);%X 轴标题
    ylabel('保证率 Guaranteed rate %','FontName','TimesNewRoman','FontSize',10);%Y 轴标题
```

(3)均方差法[完整代码可通过扫描实习四后的资源下载码下载文件中的(4-4)]

```
    clear %清空环境变量
```

```
clc  %清空窗口内容
[filename filepath]=uigetfile('*.*','请选择文件');%filename为文件名,filepath为文件路径
if isequal(filename,0)
msgbox('您没有正确选择文件夹');
    return;
end
Data=xlsread([filepath, filename]); %读取文件,并赋值给矩阵Data
Mean_value=mean(Data(:,2));%平均值
Std_value=std(Data(:,2));%均方差
P=[5,10,20,30,40,50,60,70,80,90,95;
   1.65,1.28,0.84,0.52,0.25,0,-0.25,-0.52,-0.84,-1.28,-1.65];
%注意此处的正负号,求算某些保证率时,正负号可能相反
P(3,:)=P(2,:)*Std_value+Mean_value;%不同保证率(可能性)条件下的要素值
figure %做图
plot(P(3,:),P(1,:),'r','linewidth',1.5);%画保证率曲线图
set(gcf,'unit','centimeters','position',[3 5 12 6]) %设置图形的位置及大小
set(gca,'Position',[.15 .18 .8 .78]);%设置图片比例大小
xlim([min(Data(:,2)),max(Data(:,2))]);%对X轴设定显示范围
xlabel('温度 Temperature ℃','FontName','TimesNewRoman','FontSize',10);%X轴标题
ylabel('保证率 Guaranteed rate %','FontName','TimesNewRoman','FontSize',10);%Y轴标题
```

3.农业气候要素保证率计算统计软件

应用气候学实习-保证率计算软件 V1.0 是基于 MATLAB-GUI 开发的一款专业的区域农业气候要素保证率求算可视化农业气候统计软件。软件主要包括“打开数据”“帮助”和“返回主界面”模块,其中“帮助”模块下的各种计算方法(经验频率法、分组法和均方差法)的介绍是关键。

双击农业气候学实验教学统计软件 V1.0 主界面上的“二、应用气候学实习-保证率计算软件”即可进入应用气候学实习-保证率计算软件 V1.0,出现如图 4-3 所示的界面,主界面窗口可通过点击右上角的“—”最小化。

如暂时不进入此系统处理数据,打算退出系统操作,点击右上角的“×”直接退出即可;如打算返回农业气候学实验教学软件的主界面,点击此界面上的“返回主界面”即可。

(1)帮助示例

鉴于“帮助”模块是对系统中初始数据生成、数据处理和统计分析方法的介绍,这里先介绍软件中“帮助”模块的文件内容及其在软件中的调用,以方便用户及时查阅和了解系统中的专业术语及作者的研究开发思路。

将鼠标光标移至主菜单“帮助”处,出现如图 4-4 所示界面:内容包括“用户手册”和“实习指导”,并以 Word 文档格式保存在 AGAT.EXE 执行文件的同一目录下。“用户手册”主要包括模型各模块简要介绍、操作运行方法及实例示范等;“实习指导”主要包括确定农业气候要素保证率的统计方法——经验频率法、分组法和均方差法(具体包括每种统计方法的定义、计算过程、原理和实例示范等),以及实习内容。

“帮助”模块下的统计方法等的 Word 文档格式内容可以通过右侧下拉条显示,运用

图 4-3 基于 MATLAB-GUI 的保证率计算软件主界面

Office 软件选择文字及图片的剪取、复制和注释等。如果“实习指导”使用完成或退出“实习指导”文件，点击 Word 文件右上角的“×”则文件关闭。

如果暂时不打算运行软件，退出软件则点击主菜单右上角的“×”关闭系统即可。

图 4-4 保证率计算软件“帮助”模块界面

(2)初始数据和实例示范

初始数据包括站点号、经纬度、日期(年、月、日)，以及地面气象站点的日平均温度、日最高温度、日最低温度、相对湿度等数据，存储在以 xls 为后缀的 Excel 文件中。将鼠标光标移到主菜单的“打开数据”并点击一下，选择初始数据后则出现如图 4-5 所示界面。

①经验频率法。在图 4-5 初始数据界面的“控制面板”板块，可以选择目标时间段、气象要素、时间尺度以及计算方法 4 个计算条件。目标时间段需设定从某年到某年的多年数据；气象要素主要包括降水量、平均温度、最高温度、最低温度、风速和日照时数；时间尺度包括年尺度、季尺度和月尺度；计算方法包含气候要素保证率计算的主要方法——经验频率法、分组法和均方差法。如图 4-6 界面所示。

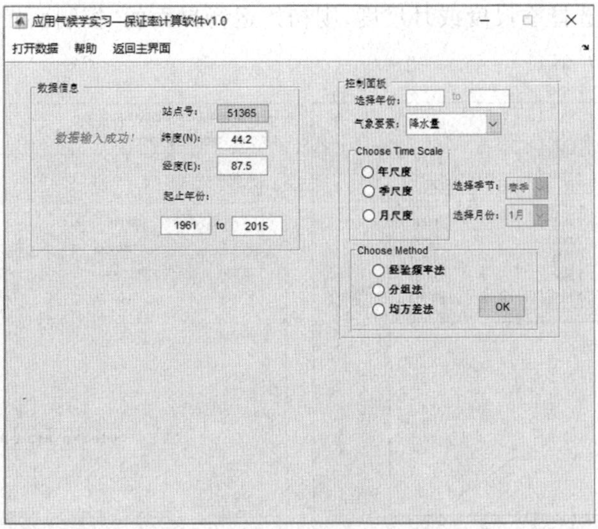

图 4-5　保证率计算软件初始数据界面

本实例选择某站点 1961—2015 年的基本气象资料为初始数据，选择目标时间段为 1961—2000 年、气象要素为平均温度、时间尺度为年尺度、计算方法为经验频率法，选择完毕后点击“OK”，即可得到经验频率法下求得的该站点 1961—2000 年时间段年尺度下，不同等级保证率的平均温度值，计算结果如图 4-7 中“结果”板块所示。

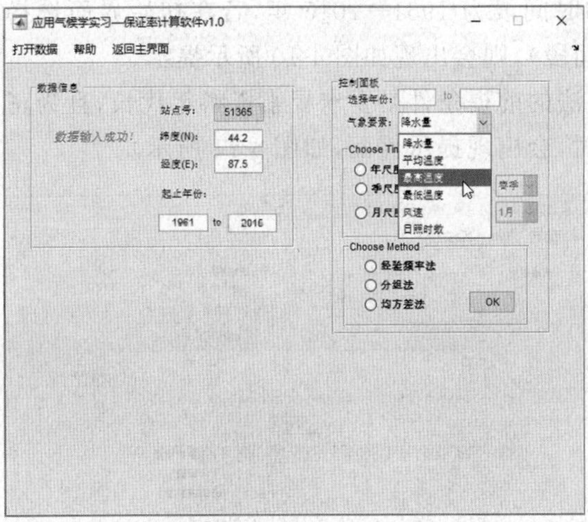

图 4-6　保证率计算软件控制面板界面

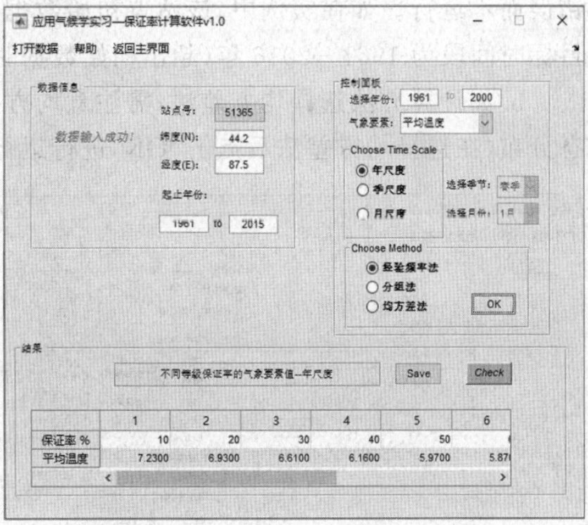

图 4-7　保证率计算软件的计算结果界面

点击“结果”板块中的“Save”，进而以 xls 为后缀的文档保存计算结果。

点击“结果”板块中的“Check”，可以查看目标年段 1961—2000 年经验频率法下的保证率详细计算结果（每年平均温度及其对应保证率值）以及保证率曲线图，如图 4-8 所示。

在“经验频率法保证率计算表”板块，可以通过右侧和下侧拉条显示逐年结果具体信息，点击“Save”，进而以 xls 为后缀的 Excel 文档保存多年结果。

点击保证率曲线图处的“Save”，进而以 jpg 为后缀的图片格式保存保证率曲线图。

若在时间尺度处选择季尺度或月尺度，则初始运行界面的“控制面板”会增加计算条件（季节或月份），如图 4-9 所示。

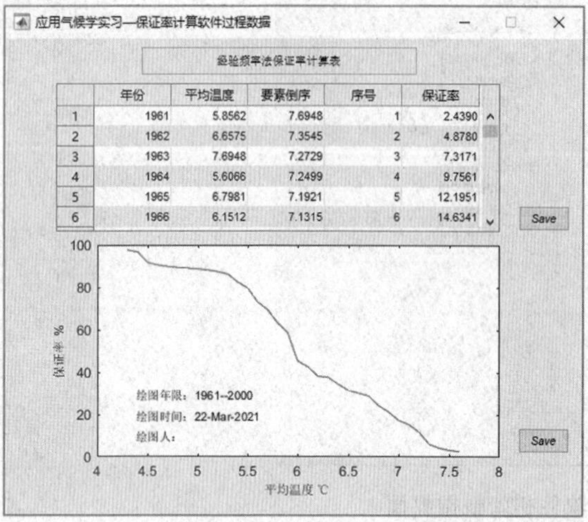

图 4-8 保证率计算软件过程数据界面

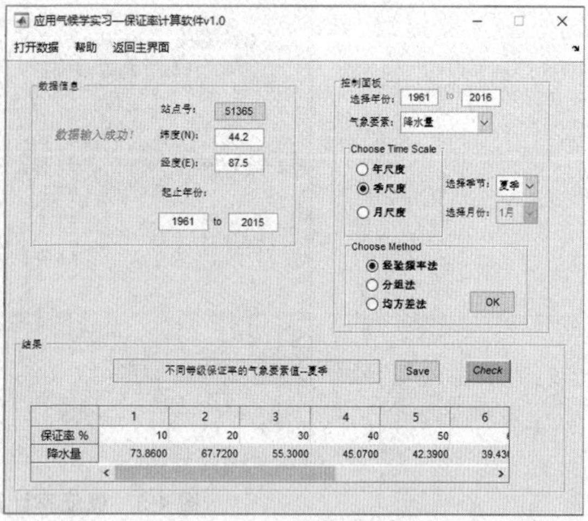

图 4-9 保证率计算软件选择时间尺度界面

②注意事项。

a. 在初始界面的“控制面板”板块选择目标时间段时，需要注意目标年份时间段的选择应在初始数据年段内选择，不能超出初始数据年段时间范围，否则点击“OK”后程序会提示存在错误而不运行。如在实例中，该站点初始数据的时间段为 1961—2015 年，若在初始界面选择目标时间段为 1961—2016 年（超出初始数据时间段），则会出现如图 4-10 所示提示。

b. 如计算方法选择均方差法，需注意均方差法的前提条件是要求要素资料年代长，且为正态分布（在选择均方差法后点击“OK”进行运行时，会出现提示界面，如图 4-11 所示）。

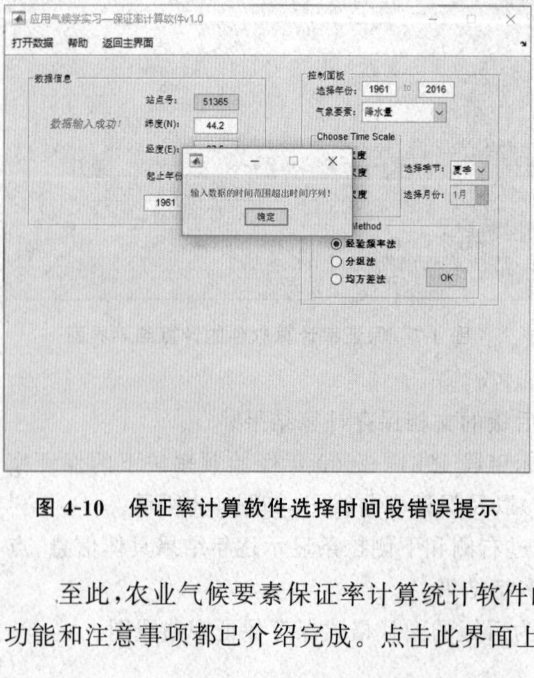

图 4-10 保证率计算软件选择时间段错误提示

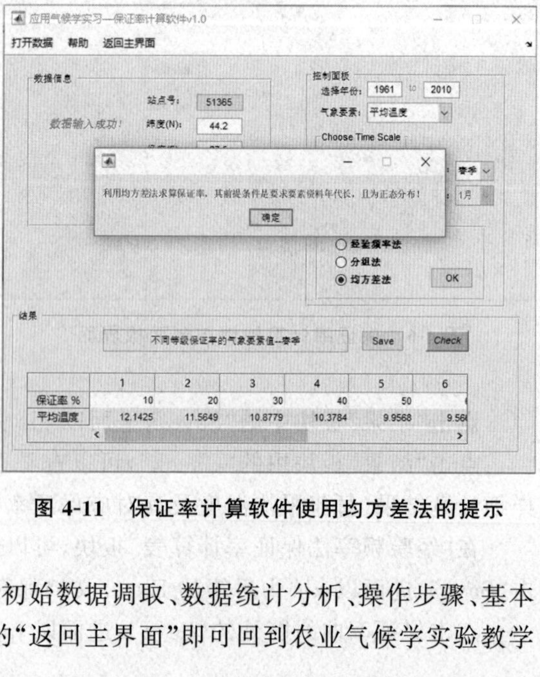

图 4-11 保证率计算软件使用均方差法的提示

至此，农业气候要素保证率计算统计软件的初始数据调取、数据统计分析、操作步骤、基本功能和注意事项都已介绍完成。点击此界面上的“返回主界面”即可回到农业气候学实验教学软件的主界面。退出操作，点击主界面右上角的“×”即可。

五、实习作业

使用经验频率法和分组法，求算北京地区 1961—2015 年的年降水量保证率[气象数据可通过扫描实习四后的资源下载码下载文件中的(4-5)]，分别绘制两种方法下的年降水量保证率曲线图，求算 80%保证率下的降水量，并比较分析两种方法求出的保证率值的特点。

实习四　资源下载码(4-1 至 4-5)

参考文献

[1] 普宗朝，张山清，李景林，等. 1961—2010 年新疆不同保证率极端最低气温变化分析[J]. 中国农业气象，2014，35(01)：10-16.

[2] 郭文利，吴春艳，柳芳，等. 北京地区不同保证率下热量资源的推算及结果分析[J]. 农业工程学报，2005，21(04)：145-149.

[3] 郝志新，郑景云，陶向新. 气候增暖背景下的冬小麦种植北界研究：以辽宁省为例[J]. 地理科学进展，2001(03)：254-261.

[4] 张雪芬. 河南省气候资源的保证率及利用率[J]. 河南气象，1999(03)：30-31.

第二章 热量资源分析方法

实习五 界限温度起止日期、持续日数及活动积温的求算方法

小引：农业界限温度简称界限温度，是指作物、牲畜等生长发育或某农业活动、物候现象的起始、终止及转折的温度。如0℃为某些多年生作物或喜凉作物生长的起始温度，10℃为喜温作物生长的起始温度。在农业气候分析过程中，界限温度是经常使用的指标，在农业气候工作中占有重要的地位。

我们常把用一定方法求得的某界限温度起止日期称为稳定通过某界限温度的起止日期或初、终日期。本实习主要讲述偏差法、候平均气温法、五日滑动平均法及日平均气温绝对通过法求算界限温度起止日期。

一、实习目的

学习运用不同方法求算界限温度起止日期、持续日数及期间的活动积温，并讨论各方法的优缺点。

二、实习内容

学习利用各年的日平均气温资料，运用偏差法、五日滑动平均法、候平均气温法及日平均气温绝对通过法来求算各年0℃、10℃界限温度起止日期、持续日数及期间的活动积温，并比较各方法的优缺点。

三、实习原理和计算方法

1. 求算界限温度起止日期的4种方法

(1)偏差法

偏差法确定某界限温度的起始日期，是指春季第一次出现大于某界限温度之日起，到春季日平均气温不再低于某界限温度之日为止的这一段时期内，连续计算数日内的正偏差之和及负偏差之和（日平均温度减某界限温度，大于0为正偏差，反之为负偏差），当某个时期的正偏差之和大于该时期以后各个时期出现的负偏差之和的一倍以上时，该时期的第一天就是某界限温度的起始日期。

终止日期的确定与上述方法相同，是指秋季第一次出现小于某界限温度之日起，到秋季气温不再高于某界限温度之日为止的一段时期内，分别计算各时段的正、负偏差和，当某个时期的负偏差之和大于该时期以后任何一个时期的正偏差之和的一倍以上时，该时期的前一天就是某界限温度的终止日期。

(2)五日滑动平均法

该方法为国家气象局规定的全国各气象台站计算界限温度起止日期的统一方法。

在春季第一次出现高于(低于)某界限温度之日起，向后推 4 天，按日序依次计算出每连续五日的日平均气温的平均值，并在一年中任意连续大于等于界限温度持续的最长的一段时期内，在第一个五日的日平均气温中，挑取最先一个日平均气温大于等于该界限温度出现的日期，即稳定通过该界限温度的初日(起始日期)。

而在持续最长的一段时期(秋季)的最后一个高于某界限温度的五日平均气温中，挑取最末一个日平均气温大于等于该界限温度的日期，即稳定通过该界限温度的终日(终止日期)。

(3)候平均气温法

在没有日平均气温资料，只有候平均气温资料时，可以应用此方法确定界限温度的起止日期。其方法与五日滑动平均法类似。

在确定某界限温度起止日期时，起始日期是指春季各月中选取第一个在其后不再出现候平均气温(每月按六候计算)低于某界限温度的那一候，此候中间的一天即该界限温度的起始日期。在秋季各月中，挑出最后一个候平均气温高于某界限温度的那一候，此候中间的一天为该界限温度的终止日期。

(4)日平均气温绝对通过法

日平均气温绝对通过法包括以下两种方法：

①春季各月中，日平均气温第一次出现大于某界限温度的那一天为起始日期；秋季日平均气温最后一次出现大于某界限温度的那一天为终止日期。

②春季各月中，日平均气温最后不再出现低于某界限温度的第一天为起始日期；秋季日平均气温第一次出现低于某界限温度的前一天为终止日期。

2. 求算大于等于某界限温度期间的持续日数

可以先制作日期序列表，1 月 1 日为 1，1 月 2 日为 2，…，1 月 31 日为 31，…，利用日期序列表分别查出某界限温度的起始、终止日期的序列号分别为 A 与 B，然后通过 B－A＋1 计算出的数值即该界限温度的持续日数。

3. 求算大于等于某界限温度起止日期间的活动积温

即在某界限温度起止日期之间，统计大于等于某界限温度的日平均气温累积和，即某界限温度的活动积温。

四、实习方法和步骤

表 5-1 为某气象站 2015 年日平均温度数据序列(局部)[完整实习数据可通过扫描实习五后的资源下载码下载文件中的(5-1)]，试求算该地区稳定通过 10℃界限温度的起止日期、持续日数和活动积温。

表 5-1 某气象站 2015 年日平均温度数据序列(局部) ℃

日期	日平均气温	日期	日平均气温	日期	日平均气温
4 月 24 日	10.4	5 月 15 日	16.0	10 月 6 日	15.3
4 月 25 日	2.3	5 月 16 日	12.4	10 月 7 日	17.0
4 月 26 日	−5.3	5 月 17 日	13.6	10 月 8 日	15.6
4 月 27 日	−4.8	5 月 18 日	6.7	10 月 9 日	13.7
4 月 28 日	−3.9	5 月 19 日	14.6	10 月 10 日	4.1
4 月 29 日	0.5	⋮	⋮	10 月 11 日	2.2
4 月 30 日	7.5	9 月 21 日	5.2	10 月 12 日	5.6
5 月 1 日	15.3	9 月 22 日	5.9	10 月 13 日	4.8
5 月 2 日	11.8	9 月 23 日	9.7	10 月 14 日	1.3
5 月 3 日	14.1	9 月 24 日	12.5	10 月 15 日	3.4
5 月 4 日	14.9	9 月 25 日	11.5	10 月 16 日	0.9
5 月 5 日	4.9	9 月 26 日	7.7	10 月 17 日	1.5
5 月 6 日	8.7	9 月 27 日	2.9	10 月 18 日	5.6
5 月 7 日	8.2	9 月 28 日	4.3	10 月 19 日	1.5
5 月 8 日	11.8	9 月 29 日	7.9	10 月 20 日	5.6
5 月 9 日	3.2	9 月 30 日	13.4	10 月 21 日	11.7
5 月 10 日	4.8	10 月 1 日	9.7	10 月 22 日	10.7
5 月 11 日	6.6	10 月 2 日	5.2	10 月 23 日	2.9
5 月 12 日	13.0	10 月 3 日	4.7	⋮	⋮
5 月 13 日	16.3	10 月 4 日	7.7		
5 月 14 日	12.9	10 月 5 日	12.1		

1. Excel 实现

(1)偏差法

①10℃界限温度起始日期。在春季日期的数据中,分别将各时段的大于等于 10℃的正偏差和(日平均气温减 10℃为正值的累积和),以及小于 10℃的负偏差和(日平均气温减 10℃为负值的累积和)进行计算,并填入第三列,如表 5-2 所示。

选取时段:自高于 10℃出现,至不再低于 10℃为止,比较正负偏差之和,选择正偏差大于往后任何负偏差两倍以上的那个时段第一天为初日。

由表 5-2 可知,5 月 12 日—5 月 17 日这一时段的正偏差之和为 24.2℃,它比该时段以后任何一个时段的负偏差之和(5 月 18 日为−3.3℃,之后全为正偏差)均大一倍以上;而以前各时段的正偏差和均不大于负偏差和一倍以上,所以,5 月 12 日—5 月 17 日这一时段的第一天,即 5 月 12 日为该地区 2015 年 10℃界限温度的起始日期(或称稳定通过 10℃的初日)。

表 5-2 偏差法求算 10℃ 界限温度起始日期(春季) ℃

日期	平均气温	距 10℃偏差	偏差之和	日期	平均气温	距 10℃偏差	偏差之和
4月24日	10.4	0.4	0.4	5月7日	8.2	−1.8	−8.2
4月25日	2.3	−7.7		5月8日	11.8	1.8	1.8
4月26日	−5.3	−15.3		5月9日	3.2	−6.8	
4月27日	−4.8	−14.8		5月10日	4.8	−5.2	
4月28日	−3.9	−13.9		5月11日	6.6	−3.4	−15.4
4月29日	0.5	−9.5		5月12日	13.0	3.0	
4月30日	7.5	−2.5	−63.7	5月13日	16.3	6.3	
5月1日	15.3	5.3		5月14日	12.9	2.9	
5月2日	11.8	1.8		5月15日	16.0	6.0	
5月3日	14.1	4.1		5月16日	12.4	2.4	
5月4日	14.9	4.9	16.1	5月17日	13.6	3.6	24.2
5月5日	4.9	−5.1		5月18日	6.7	−3.3	−3.3
5月6日	8.7	−1.3		5月19日	14.6	4.6	

②10℃界限温度终止日期。同理,在秋季日期的数据中,比较负正偏差之和,选择第一个负偏差大于往后任何正偏差一倍以上的那个时段的前一天,即终日。根据上述方法求得该地区 2015 年 10℃界限温度的终止日期(或称稳定通过 10℃的终日)为 10 月 9 日(表 5-3)。

表 5-3 偏差法求算 10℃ 界限温度终止日期(秋季) ℃

日期	平均气温	距 10℃偏差	偏差之和	日期	平均气温	距 10℃偏差	偏差之和
9月21日	5.2	−4.8		10月8日	15.6	5.6	
9月22日	5.9	−4.1		10月9日	13.7	3.7	23.7
9月23日	9.7	−0.3	−9.2	10月10日	4.1	−5.9	
9月24日	12.5	2.5		10月11日	2.2	−7.8	
9月25日	11.5	1.5	4.0	10月12日	5.6	−4.4	
9月26日	7.7	−2.3		10月13日	4.8	−5.2	
9月27日	2.9	−7.1		10月14日	1.3	−8.7	
9月28日	4.3	−5.7		10月15日	3.4	−6.6	
9月29日	7.9	−2.1	−17.2	10月16日	0.9	−9.1	
9月30日	13.4	3.4	3.4	10月17日	1.5	−8.5	
10月1日	9.7	−0.3		10月18日	5.6	−4.4	
10月2日	5.2	−4.8		10月19日	1.5	−8.5	
10月3日	4.7	−5.3		10月20日	5.6	−4.4	−73.5
10月4日	7.7	−2.3	−12.7	10月21日	11.7	1.7	
10月5日	12.1	2.1		10月22日	10.7	0.7	2.4
10月6日	15.3	5.3		10月23日	2.9	−7.1	
10月7日	17.0	7.0					

③计算大于等于10℃的持续日数。查得起始日期5月12日及终止日期10月9日的日期序列值分别为282和132,则大于等于10℃的持续日数为:282−132+1=151(d)。

④计算2015年大于等于10℃的活动积温。5月12日—10月9日稳定通过10℃的活动积温为2 699℃。

有效积温,是作物在一段时间内有效温度的总和,即作物在某一段时间内日平均气温与生物学界限温度之差的总和。

与活动积温相比,有效积温扣除了低于生物学下限温度的那部分无效积温,因而较为稳定,能更确切地反映作物对热量的要求,多应用于作物生育速度的计算和发育时期的预报。但在用于鉴定某地区热量,合理安排作物布局和农业气候区划时,活动积温较为方便。

活动积温(AT_a)和有效积温(AT_e)的关系如下:

$$AT_a = \sum_{i=1}^{n} T_i \quad (如果\ T_i \leqslant B, T_i = 0)$$

$$AT_e = \sum_{i=1}^{n} (T_i - B) \quad (如果\ T_i \leqslant B, T_i - B = 0)$$

式中:n为界限温度期间的持续日数;T_i为第i日平均气温;B为界限温度。

从严格意义上讲,有效积温也不应该高于上限。

(2)五日滑动平均法

①10℃界限温度起始日期。春季找出第一个大于等于10℃界限温度的日期为4月24日,向后推4天,按日序依次计算出每连续五日的日平均气温的平均值,填入第四列(表5-4)。

由表5-4可知,5月10日—5月14日滑动时段开始,之后的五日平均值均大于等于10℃,也即该时段是一年中连续大于等于10℃界限温度持续最长的一段时期的开始,从该滑动时段中选择最先一个日平均气温大于等于10℃的日期为5月12日,即该年的10℃起始日期。

②10℃界限温度终止日期。由表5-5可知,大于等于10℃持续时段的最后一个五日滑动时段为9月18日—9月22日,最后一个大于等于10℃的日期为9月20日,即该年的10℃终止日期。

③大于等于10℃的持续日数与活动积温计算同偏差法,不再赘述。

(3)候平均气温法

该气象站点多年候平均温度如表5-6所示(假设没有日气温数据,仅知道各个候的气温平均值)。可以看出,春季5月第3候为第一个在其后不再出现候平均温度低于10℃的那一候,即5月13日为大于等于10℃的起始日期。

同理,秋季10月第2候为最后一个候平均温度高于10℃的那一候,即10月13日为终止日期。

大于等于 10℃的持续日数与活动积温计算同偏差法，不再赘述。

表 5-4　五日滑动平均法求算 10℃界限温度起始日期(春季)　℃

日期	平均气温	五日滑动时段	五日平均气温	日期	平均气温	五日滑动时段	五日平均气温
4月24日	10.4			5月7日	8.2	5月3日—5月7日	10.2
4月25日	2.3			5月8日	11.8	5月4日—5月8日	9.7
4月26日	−5.3			5月9日	3.2	5月5日—5月9日	7.4
4月27日	−4.8			5月10日	4.8	5月6日—5月10日	7.3
4月28日	−3.9	4月24日—4月28日	−0.3	5月11日	6.6	5月7日—5月11日	6.9
4月29日	0.5	4月25日—4月29日	−2.2	5月12日	13.0	5月8日—5月12日	7.9
4月30日	7.5	4月26日—4月30日	−1.2	5月13日	16.3	5月9日—5月13日	8.8
5月1日	15.3	4月27日—5月1日	2.9	5月14日	12.9	5月10日—5月14日	10.7
5月2日	11.8	4月28日—5月2日	6.2	5月15日	16.0	5月11日—5月15日	13.0
5月3日	14.1	4月29日—5月3日	9.8	5月16日	12.4	5月12日—5月16日	14.1
5月4日	14.9	4月30日—5月4日	12.7	5月17日	13.6	5月13日—5月17日	14.2
5月5日	4.9	5月1日—5月5日	12.2	5月18日	6.7	5月14日—5月18日	12.3
5月6日	8.7	5月2日—5月6日	10.9	5月19日	14.6	5月15日—5月19日	12.7

表 5-5　五日滑动平均法求算 10℃界限温度终止日期(秋季)　℃

日期	平均气温	五日滑动时段	五日平均气温	日期	平均气温	五日滑动时段	五日平均气温
9月10日	12.6			9月19日	15.0	9月15日—9月19日	13.58
9月11日	15.1			9月20日	11.7	9月16日—9月20日	12.74
9月12日	18.2			9月21日	5.2	9月17日—9月21日	11.30
9月13日	19.1			9月22日	5.9	9月18日—9月22日	10.34
9月14日	20.1	9月10日—9月14日	17.02	9月23日	9.7	9月19日—9月23日	9.50
9月15日	15.9	9月11日—9月15日	17.68	9月24日	12.5	9月20日—9月24日	9.00
9月16日	12.4	9月12日—9月16日	17.14	9月25日	11.5	9月21日—9月25日	8.96
9月17日	10.7	9月13日—9月17日	15.64	9月26日	7.7	9月22日—9月26日	9.46
9月18日	13.9	9月14日—9月18日	14.60				

表 5-6　候平均气温法求算 10℃界限温度起止日期

月	4月		5月				9月				10月		
候	5候	6候	1候	2候	3候	4候	3候	4候	5候	6候	1候	2候	3候
候平均温度/℃	3.4	−1.2	12.2	7.3	13.0	13.3	17.7	12.7	9.0	7.2	7.9	13.1	3.5

当某月第6候为6天时，初、终日期选择的方案有3种：①初、终日期同选该候的第三日；②初、终日期同选该候的第四日；③初日选第三日，终日选第四日。几种方案均可使用，但为了地区之间有比较性，在计算时只能选择一种方案进行各地区的计算。如果起始日期在2月第6候，仅为3天时，则定为中间一天(第二日)为初日。

候平均气温法多在具备多年候平均资料情况下使用，计算出某地某界限温度稳定通过的初、终日期。如果用于某个别年的计算时，该方法确定的日期误差较大。

(4)日平均气温绝对通过法

由表5-1可知，若采用第一种方法：春季各月中，日平均气温第一次出现大于某界限温度的那一天为起始日期；秋季日平均气温最后一次出现大于某界限温度的那一天为终止日期。此法求得该站点2015年10℃的起始日期为4月24日，终止日期为10月22日。

若采用第二种方法：春季各月中，日平均气温最后不再出现低于某界限温度的第一天为起始日期；秋季日平均气温第一次出现低于某界限温度的前一天为终止日期。此法求得该站点2015年大于等于10℃的起始日期为5月19日，终止日期为9月20日。

大于等于10℃的持续日数与活动积温计算同偏差法，不再赘述。

2. MATLAB编程实现

将数据存储在Excel文档中，第一列为月份，第二列为日，第三列为日平均温度，数据须为一整年的数据[实习数据可通过扫描实习五后的资源下载码下载文件中的(5-1)]。数据可放在任意路径下(即不提前设定数据存储路径)，可以通过弹出的窗口进行选择文件(其他数据格式输入见实习一，此处不再赘述，直接提供完整代码，不再分步骤讲解)。

(1)偏差法[完整代码可通过扫描实习五后的资源下载码下载文件中的(5-2)]

```
clear %清空环境变量
clc  %清空窗口内容
[filename filepath]=uigetfile('*.*','请选择文件'); %filename为文件名,filepath为文件路径
if isequal(filename,0)
msgbox('您没有正确选择文件夹');
    return;
end
Data=xlsread([filepath, filename]); %读取文件,并赋值给矩阵Data
jw=10.0; %指定界限温度
t=Data(:,3);
   rows=size(t,1);
if rows==365 || rows==366;
        [maxt,maxn]=max(t); %求年内日气温最高值及出现的第一天的日序
        if maxt<jw; %两种特殊情况:一年中全部大于或小于界限温度
            churi=0;
            zhongri=0;
```

```
    end
    [mint1,minn1]=min(t(1:maxn));
    if mint1>=jw;
        churi=1;
    end
    [mint2,minn2]=min(t(maxn+1:end));
    if mint2>=jw;
        zhongri=rows;
    end
    if maxt>=jw && mint1<jw
    %初日
b=t(minn1:maxn)>=jw;%上半年气温序列中大于等于界限温度的日子标记为1,反之标记为0
        ind1=find(diff([0;b])==1);%求每个日气温大于等于界限温度期间的第一天,单位:日序
        ind2=find(diff([b;0])==-1);%求每个日气温大于等于界限温度期间的最后一天
        c=t(1:maxn)<jw;%上半年气温序列中小于界限温度的日子标记为1,反之标记为0
        ind3=find(diff([0;c])==1);%求每个日气温小于界限温度期间的第一天
        ind4=find(diff([c;0])==-1);%求每个日气温小于界限温度期间的最后一天
        k=length(ind1);%日气温大于等于界限温度的期间个数
        z=length(ind3);%日气温小于界限温度的期间个数
        fujiwen=zeros(z,1); %创建一个存放负积温的数组
        for i=2:z %从第二个负积温期间开始比较,且最后一个数定义为0
            fujiwen(i-1)=abs(sum(t(ind3(i):ind4(i))-jw));
        end
        for j=1:k %依次将正积温与之后的负积温最大值的2倍进行比较,当超过时终止
            zheng=sum(t(ind1(j):ind2(j))-jw);
            fu=max(fujiwen(j:end));
            if zheng>2 * fu
                break
            end
        end
        churi=minn1-1+ind1(j); %返回相应正积温阶段的第一天,即初日
    end
    %终日
    if maxt>=jw && mint2<jw
zr=t(maxn+1:maxn+minn2)<jw; %下半年气温序列中小于界限温度的日子标记为1,反之标记为0
        ind1=find(diff([0;zr])==1); %求每个日气温小于界限温度期间的第一天
        ind2=find(diff([zr;0])==-1);%求每个日气温小于界限温度期间的最后一天
zc=t(maxn+1:end)>=jw;%大于等于界限温度的日子标记为1,小于界限温度的日期标记为0
        ind3=find(diff([0;zc])==1);%求每个日气温大于等于界限温度期间的第一天
        ind4=find(diff([zc;0])==-1);%求每个日气温大于等于界限温度期间的最后一天
        kk=length(ind1);%日气温小于界限温度的期间个数
```

```
        zz=length(ind3);%日气温大于等于界限温度的期间个数
        zhengjiwen=zeros(zz,1);
        for i=2:zz %从第二个正积温期间开始比较,且最后一个数定义为0
            zhengjiwen(i-1)=sum(t(maxn+ind3(i):maxn+ind4(i))-jw);
        end
        for j=1:kk %依次将负积温与之后的正积温最大值的2倍进行比较,当超过时终止
            fujiwen=abs(sum(t(maxn+ind1(j):maxn+ind2(j))-jw));
            zheng=max(zhengjiwen(j:end));
            if fujiwen>2 * zheng
                break
            end
        end
        zhongri=maxn+ind1(j)-1;%返回相应负积温阶段第一天的前一天,即终日
    end
end
Result(1)=churi;%Result为最终的结果,初日、终日、持续日数、活动积温
Result(2)=zhongri;
Result(3)=zhongri-churi+1;
t_jw=t(churi:zhongri);
Result(4)=sum(t_jw(t_jw>=jw));
```

结果数据在 Result 的数组中,结果为[132,282,151,2699],分别代表大于等于10℃的起始日序、终止日序、持续日数和活动积温。保存数据代码见实习一,此处不再赘述。

(2)五日滑动平均法[完整代码可通过扫描实习五后的资源下载码下载文件中的(5-3)]

```
clear %清空环境变量
clc  %清空窗口内容
[filename filepath]=uigetfile('*.*','请选择文件');%filename为文件名,filepath为文件路径
if isequal(filename,0)
msgbox('您没有正确选择文件夹');
    return;
end
Data=xlsread([filepath, filename]); %读取文件,并赋值给矩阵Data
jw=10.0; %指定界限温度
t=Data(:,3);
  rows=size(t,1);
   if rows==365 || rows==366;
       ht=zeros(rows-4,1);
       for i=1:rows-4
           ht(i)=mean(t(i:i+4));
       end
       [maxt,maxn]=max(ht);%求五日滑动气温最高值及对应的日序
```

```
        if maxt<jw; %两种特殊情况:一年中五日滑动气温全部大于或小于界限温度
            churi=0;
            zhongri=0;
        end
        [mint1,minn1]=min(ht(1:maxn));
        if mint1>=jw;
            churi=1;
        end
        [mint2,minn2]=min(ht(maxn+1:end));
        if mint2>=jw;
            zhongri=rows;
        end
        if maxt>=jw && mint1<=jw
        %初日
            b=ht(minn1:maxn)>=jw;
            ind1=find(diff([0;b])==1);
            ind2=find(t(minn1-1+ind1(end):minn1-1+ind1(end)+4)>=jw==1);
            churi=minn1-1+ind1(end)+ind2(1)-1; %返回相应正积温阶段的第一天,即初日
        end
        %终日
        if maxt>=jw && mint2<jw
            zr=ht(maxn+1:maxn+minn2)>=jw;
            ind1=find(diff([1;zr])==-1);
            ind2=find(t(maxn+ind1(1)-1:maxn+ind1(1)+3)>=jw==1);
            zhongri=maxn+ind1(1)-1+ind2(end)-1;
        end
    end
Result(1)=churi;%Result为最终的结果,初日、终日、持续日数、活动积温
Result(2)=zhongri;
Result(3)=zhongri-churi+1;
t_jw=t(churi:zhongri);
Result(4)=sum(t_jw(t_jw>=jw));
```

结果数据在Result的数组中,结果为[132,263,132,2588],分别代表大于等于10℃的起始日序、终止日序、持续日数和活动积温。保存数据代码见实习一,此处不再赘述。

(3)日平均气温绝对通过法

①第一种方法代码[完整代码可通过扫描实习五后的资源下载码下载文件中的(5-4)]:

```
clear %清空环境变量
clc  %清空窗口内容
[filename filepath]=uigetfile('*.*','请选择文件');%filename为文件名,filepath为文件路径
if isequal(filename,0)
```

```
msgbox('您没有正确选择文件夹');
        return;
end
Data=xlsread([filepath, filename]); %读取文件,并赋值给矩阵 Data
jw=10.0; %指定界限温度
t=Data(:,3);
  rows=size(t,1);
   if rows==365 || rows==366;
          [maxt,maxn]=max(t);%求年内日气温最高值及出现的第一天的日序
        if maxt<jw; %两种特殊情况:一年中全部大于或小于界限温度
            churi=0;
            zhongri=0;
        end
        [mint1,minn1]=min(t(1:maxn));
        if mint1>=jw;
            churi=1;
        end
        [mint2,minn2]=min(t(maxn+1:end));
        if mint2>=jw;
             zhongri=rows;
        end
        if maxt>=jw && mint1<jw
xu_jw=find(t>=jw);%找出大于等于界限温度的日序
churi=xu_jw(1);
zhongri=xu_jw(end);
        end
   end
   Result(1)=churi;%Result 为最终的结果,初日、终日、持续日数、活动积温
Result(2)=zhongri;
Result(3)=zhongri-churi+1;
t_jw=t(churi:zhongri);
Result(4)=sum(t_jw(t_jw>=jw));
```

结果数据在 Result 的数组中,格式同偏差法和五日滑动平均法。

②第二种方法代码[完整代码可通过扫描实习五后的资源下载码下载文件中的(5-5)]:

```
clear %清空环境变量
clc  %清空窗口内容
[filename filepath]=uigetfile('*.*','请选择文件');%filename 为文件名,filepath 为文件路径
if isequal(filename,0)
msgbox('您没有正确选择文件夹');
       return;
```

```
end
Data=xlsread([filepath, filename]); %读取文件,并赋值给矩阵 Data
jw=10.0; %指定界限温度
t=Data(:,3);
  rows=size(t,1);
  if rows==365 || rows==366;
        [maxt,maxn]=max(t);%求五日滑动气温最高值及对应的日序
    if maxt<jw; %两种特殊情况:一年中全部大于或小于界限温度
       churi=0;
       zhongri=0;
    end
    [mint1,minn1]=min(t(1:maxn));
    if mint1>=jw;
       churi=1;
    end
    [mint2,minn2]=min(t(maxn+1:end));
    if mint2>=jw;
       zhongri=rows;
    end
    if maxt>=jw && mint1<jw
       t_spring=t(1:maxn);
       xu_jw_spring=find(t_spring<jw);%找出小于界限温度的日序
       churi=xu_jw_spring(end)+1;%春季最后一个小于界限温度的后一天即初日
         t_fall=t(maxn:end);
       xu_jw_fall=find(t_fall<jw);%找出小于界限温度的日序
       zhongri=maxn-1+xu_jw_fall(1)-1;%秋季第一个小于界限温度的前一天即终日
    end
  end
Result(1)=churi;%Result 为最终的结果,初日、终日、持续日数、活动积温
Result(2)=zhongri;
Result(3)=zhongri-churi+1;
t_jw=t(churi:zhongri);
Result(4)=sum(t_jw(t_jw>=jw));
```

结果数据在 Result 的数组中,格式同偏差法和五日滑动平均法。

候平均气温法计算较为简单,读者若有需求可以自行编写代码。

3. 积温计算统计软件

应用气候学实习-积温计算软件 V1.0 是基于 MATLAB-GUI 开发的一款专业的多年积温求算可视化农业气候统计软件。软件主要包括“打开数据”“帮助”和“返回主界面”模块,其中“帮助”模块下的方法介绍(偏差法、五日滑动平均法、候平均气温法、气温绝对通过法、直方图法)和指标介绍是关键。

双击农业气候学实验教学统计软件 V1.0 主界面上的“一、应用气候学实习-积温计算软件”即可进入应用气候学实习-积温计算软件 V1.0，出现如图 5-1 所示的界面，界面窗口可通过点击右上角的“—”最小化。

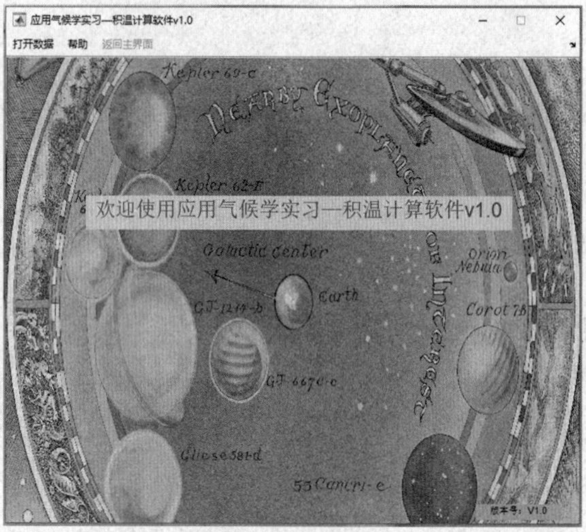

图 5-1 基于 MATLAB-GUI 的积温计算软件主界面

如暂时不进入此系统处理数据，打算退出系统操作，点击右上角的“×”直接退出即可；或打算返回农业气候学实验教学软件的主界面，点击此界面上的“返回主界面”即可。

(1)帮助示例

鉴于“帮助”中的文件是对系统中初始数据生成、数据处理和统计分析方法的介绍，这里先介绍“帮助”中的文件内容及其在软件中的调用，以方便用户及时查阅和了解系统中的专业术语及作者的研究开发思路。

鼠标光标移至主菜单“帮助”处，出现如图 5-2 所示界面：内容包括“使用手册”和“方法介绍”等文件，并以 Word 文档格式保存在 AGAT. EXE 执行文件的同一目录下。“使用手册”主要包括模型各模块简要介绍、操作运行方法及实例示范等；“方法介绍”包括确定气候界限温度起止日期的统计方法——偏差法、五日滑动平均法、候平均气温法、气温绝对通过法、直方图法，以及每种统计方法的定义、计算过程、原理和实例示范等。

“帮助”模块下的 Word 文档格式内容可以通过右侧下拉条显示，运用 Office 软件选择文字及图片的剪取、复制和注释等。如果“方法介绍”使用完成或退出“方法介绍”文件，点击 Word 文件右上角的“×”则文件关闭。

如果暂时不打算运行软件，退出软件则点击主菜单右上角的“×”关闭系统即可。

(2)初始数据和实例示范

初始数据包括站点号、经纬度、日期(年、月、日)以及地面气象站点的日平均温度、日最高温度、日最低温度、相对湿度等数据，存储在以 xls 为后缀的 Excel 文件中。将鼠标光标移到主菜单的“打开数据”并点击一下，选择初始数据后则出现如图 5-3 所示界面。

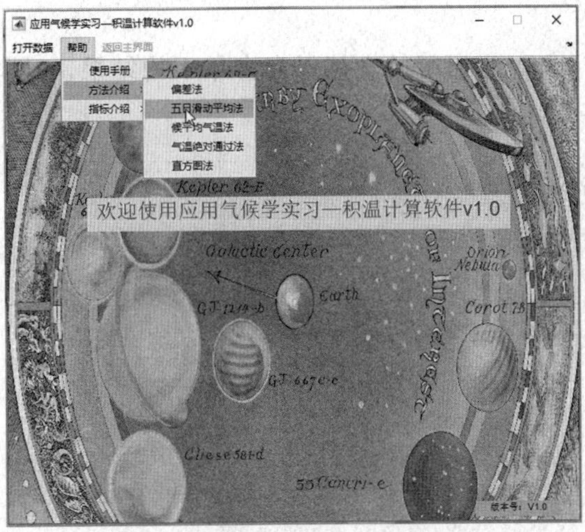

图 5-2　积温计算软件帮助界面

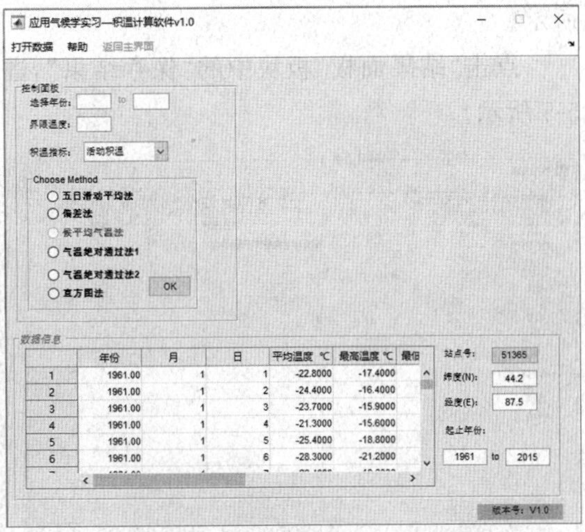

图 5-3　积温计算软件打开数据界面

在“打开数据”的初始界面上也会显示初始数据（图 5-3 界面中的“数据信息”板块），可以通过右侧和下侧拉条显示初始数据具体信息，包括站点号、经纬度、起止年份等。

①五日滑动平均法。在图 5-3 界面中初始界面的“控制面板”板块，可以选择年份、界限温度以及计算方法 3 个计算条件。选择年份可以设定从某年到某年，实现多年计算；界限温度可以输入 0℃以上（包含 0℃）的任意温度；计算方法包含活动积温计算的主要农业气象方法，有五日滑动平均法、偏差法、候平均气温法、气温绝对通过法、直方图法。

本实例选择某站点 1961—2015 年的基本气象资料为初始数据，选择 1961—2010 年为目标年段、5℃为农业气候界限温度、活动积温指标以及五日滑动平均法为计算方法，选择完毕后点击“OK”，即可得到五日滑动平均法下该站点 1961—2010 年的农业气候界限温度 5℃的起止日期和日序、持续天数以及积温的多年平均值，计算结果如图 5-4 界面中的“结果面板”板块

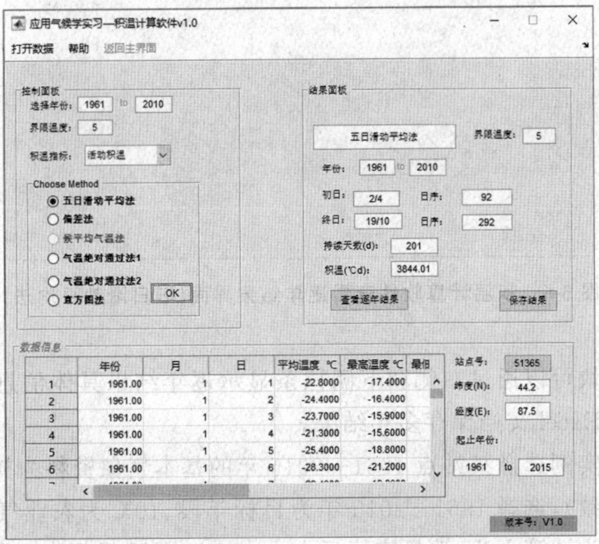

图 5-4　积温计算软件计算结果界面（五日滑动平均法）

所示。

点击“结果面板”板块中的“保存结果”，进而以 txt 为后缀的文档保存多年平均结果，如图 5-5 所示。

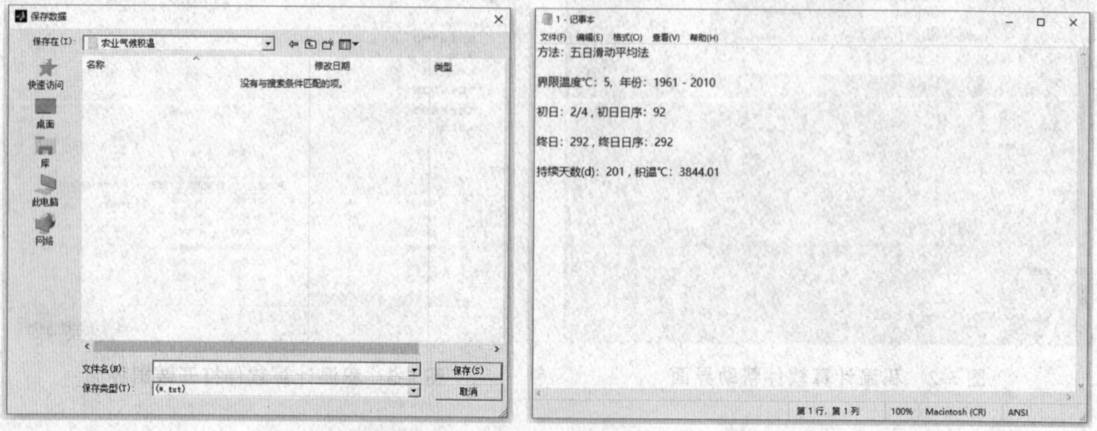

图 5-5 积温计算软件保存结果界面(五日滑动平均法)

点击“结果面板”板块中的“查看逐年结果”，可以查看目标年段 1961—2010 年每年的农业气候界限温度 5℃的起止日期和日序、持续天数以及积温，如图 5-6 所示。

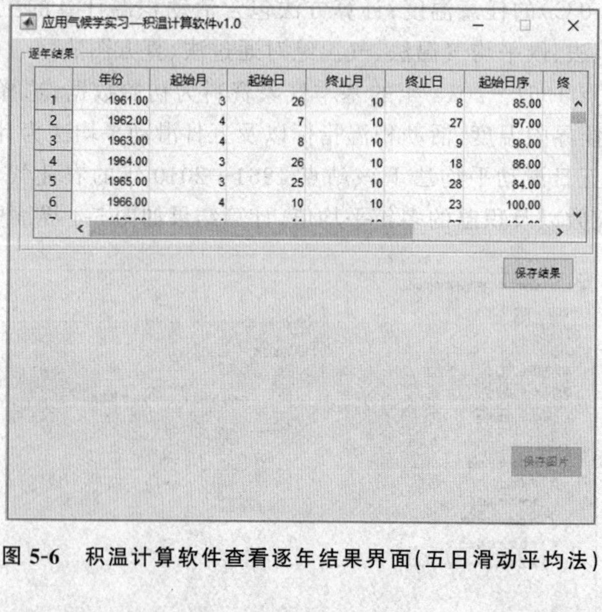

图 5-6 积温计算软件查看逐年结果界面(五日滑动平均法)

在“逐年结果”板块可以通过右侧和下侧拉条显示逐年结果具体信息。点击“保存结果”，进而以 xls 为后缀的 Excel 文档保存多年结果。

②直方图法。本实例选择某站点 1961—2015 年的基本气象资料为初始数据(与五日滑动平均法的初始数据一致)，选择 1961—2010 年为目标年段、10℃为农业气候界限温度、活动积温指标以及直方图法为计算方法，选择完毕后点击“OK”，即可得到直方图法下该站点 1961—2010 年的农业气候界限温度 10℃的起止日期和日序、持续天数以及积温的多年平均值，计算

结果如图 5-7 界面中的“结果面板”板块所示。

点击“结果面板”板块中的“保存结果”，进而以 txt 为后缀的文档保存多年平均结果(与五日滑动平均法类似)；点击“结果面板”板块中的“查看逐年结果”，可以查看目标年段 1961—2010 年农业气候界限温度 10℃的起止日期和日序、持续天数以及积温的多年平均值的直方图求算图解，如图 5-8 所示。

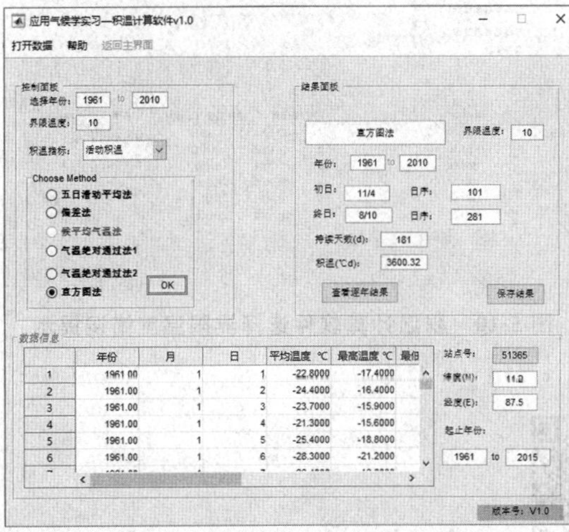

图 5-7 积温计算软件计算结果界面(直方图法)

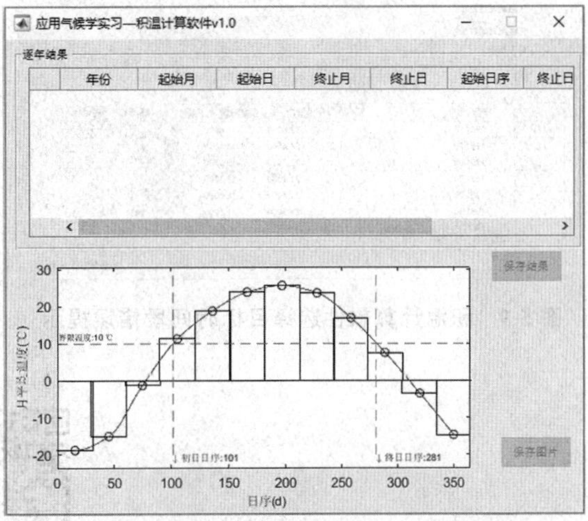

图 5-8 积温计算软件查看逐年结果界面(直方图法)

在“逐年结果”板块点击“保存结果”，进而以 jpg 为后缀的图片文档保存直方图结果。

③注意事项。

a. 在初始界面的“控制面板”板块选择目标时间段时，需要注意目标年份时间段的选择应在初始数据年段内，不能超出初始数据年段时间范围，否则点击“OK”后程序会提示存在错误而不运行。如在实例中，该站点初始数据的时间段为 1961—2015 年，若在初始界面选择目标时间段为 1961—2016 年(超出初始数据时间段)，则会出现如图 5-9 所示界面。

b. 在初始界面的“控制面板”板块选择界限温度时，需要注意程序设置的农业气候界限温度限定在 0℃以上(包含 0℃)，不能超出界限温度的设定范围，否则点击“OK”后程序会提示存在错误而不运行。如在上述两种方法下的实例中，将界限温度设定为－2℃(超出界限温度的设定范围)，则会出现如图 5-10 所示界面。

至此，农业气候积温计算统计软件的初始数据调取、数据统计分析、操作步骤、基本功能和注意事项都已介绍完成。点击此界面上的“返回主界面”，即可回到农业气候学实验教学软件的主界面。退出操作，点击主界面右上角的“×”即可。

五、实习作业

用各种不同的方法计算北京地区 2014 年初、终霜日的日序及无霜期的天数。(提示：①采用日最低气温大于等于 2℃作为界限温度计算无霜期；②注意初、终霜日出现的季节，不要反了。)气象数据可通过扫描实习五后的资源下载码下载文件中的(5-6)。

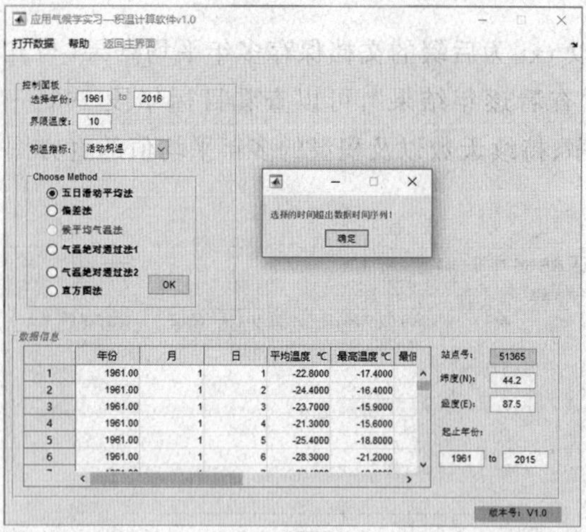

图 5-9 积温计算软件选择目标时间段错误提示

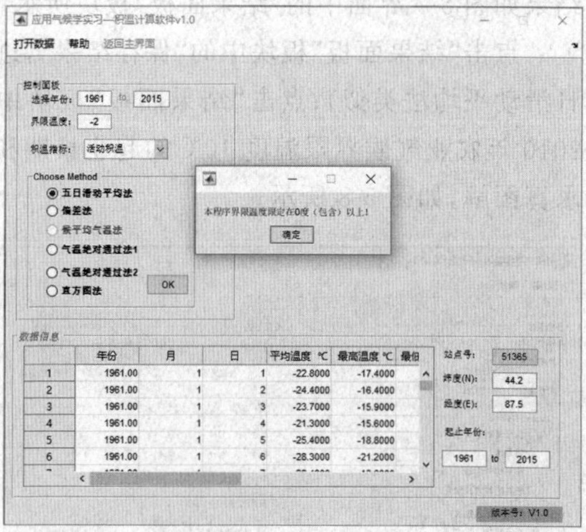

图 5-10 积温计算软件选择界限温度错误提示

实习五 资源下载码(5-1 至 5-6)

参考文献

[1] 戴声佩，李海亮，罗红霞，等. 1960—2011 年华南地区界限温度 10℃积温时空变化分析[J]. 地理学报，2014，69(05)：650-660.

[2] 雷代孝. 农业界限温度计算方法讨论[J]. 中国农业气象，1985(02)：60-62.

[3] 毛恒青，万晖. 华北、东北地区积温的变化[J]. 中国农业气象，2000，21(03)：1-5.

实习六　热量灾害指标计算方法之一——荔枝寒害评估指标计算

小引：农业气象灾害是指使作物受到损伤，造成农业减产与损失的气象灾害。与气象的概念不同，农业气象灾害是结合农业生产遭受灾害而言的。热量灾害（由温度因子引起的灾害）有热害、冻害、霜冻、热带作物寒害和低温冷害等。不同作物的温度因子异常引发的灾害在发生机理、发生季节和天气特点等方面存在差异，其评估的指标往往也不同。本次实习主要以荔枝寒害评估指标为例［引自《荔枝寒害评估》（QX/T 258—2015）］，讲解热量灾害指标的计算方法。

一、实习目的

掌握单站荔枝寒害评估和区域荔枝寒害评估的计算方法。

二、实习内容

基于某气象站点1961年11月至1962年3月的气象资料，求算该时间段荔枝寒害的致灾因子，计算荔枝寒害指数并评估该时间段的荔枝寒害等级。

三、实习原理和计算方法

荔枝寒害（chilling injury of litchi）是荔枝在11月至翌年3月期间受到低温天气过程影响，造成荔枝生埋机制障碍，导致减产、植株死亡的一种灾害现象。荔枝寒害不仅与温度有关，其受害程度还与降水量、树龄、树势及末次梢老熟状况等有关。

（一）单站荔枝寒害评估

1. 寒害等级评估

依据寒害指数大小评估单站荔枝寒害等级，分为轻度、中度、重度、特重4个等级。单站荔枝寒害等级评估如表6-1所示。

表6-1　单站荔枝寒害等级评估

等级	单站寒害指数（Hi）	减产率参考值（y_w）
轻度	$-0.7 \leqslant Hi < 0.2$	$y_w < 10\%$
中度	$0.2 \leqslant Hi < 0.7$	$10\% \leqslant y_w < 20\%$
重度	$0.7 \leqslant Hi < 1.9$	$20\% \leqslant y_w < 30\%$
特重	$Hi \geqslant 1.9$	$y_w \geqslant 30\%$

2. 寒害指数计算方法

(1)寒害致灾因子

①极端最低气温。

$$T_{\min} = \min_{k=1,m}(T_{k,\min}) \tag{6-1}$$

式中：$T_{\min}$ 为每年11月至翌年3月，荔枝寒害过程中的极端最低气温；$T_{k,\min}$ 为第 k 日最低气温；k 为日序；m 为各年11月至翌年3月的总日数，其中11月1日 k 为1，翌年3月最后一日 k 为 m。

②寒害累积日数。

$$D_T = \sum_{k=1}^{m} d_k \tag{6-2}$$

式中：D_T 为各年11月至翌年3月日最低气温不大于5℃的累积日数；d_k 为依据判据赋予第 k 日的值，当 $T_{k,\min} \leqslant 5$℃时，$d_k = 1$，否则，$d_k = 0$。

③积寒。每年11月至翌年3月，当日最低气温不大于5.0℃时，取日最低气温不大于5.0℃的日积寒之和作为寒害积寒。积寒的计算方法参见《荔枝寒害评估》(QX/T 258—2015)文件中的附录A。

④最大降温幅度。

$$\Delta T = \max_{k=2,m}(T_{k-1,\min} - T_{k,\min}) \tag{6-3}$$

式中：ΔT 为每年11月至翌年3月，日最低气温不大于5.0℃从开始到结束期间的日最大降温幅度。

⑤寒害降水日数。

$$D_R = \sum_{k=1}^{m} d_k \tag{6-4}$$

式中：D_R 为各年11月至翌年3月期间日降水量不小于5 mm的降水日数；d_k 为依据判据赋予第 k 日的值，当 R_k(日降水量)$\geqslant 5$ mm时，$d_k = 1$，否则，$d_k = 0$。

(2)寒害指数

①计算单站荔枝寒害指数(Hi)，公式如下：

$$Hi = \sum_{i=1}^{5} a_i X_i \tag{6-5}$$

式中：Hi 为各年寒害指数；a_i 为相应因子的影响系数，参考值如表6-2所示；X_i 为致灾因子的标准化值，计算方法见式(6-6)。当 $i=1,2,3,4,5$ 时，X_i 分别代表：X_1 为寒害累积日数的标准化值；X_2 为极端最低气温的标准化值；X_3 为最大降温幅度的标准化值；X_4 为积寒的标准化值；X_5 为寒害降水日数的标准化值。

②致灾因子的标准化处理，计算公式如下：

$$X_j = (x'_j - \overline{x}) / \sqrt{\sum_{j=1}^{n} (x'_j - \overline{x})^2 / n} \tag{6-6}$$

式中：X_j 为某一致灾因子第 j 年的标准化值；x'_j 为某一致灾因子第 j 年的原始值；$\overline{x}$ 为相应

致灾因子的 n 年平均值；j 为年份；n 为总年数(一般不少于 30 a)。

表 6-2 荔枝主要产区致灾因子的影响系数 a_i 参考值

区域	因子	a_i 的取值区间	a_i 的平均值
福建	X_1	0.240～0.363	0.303
	X_2	－0.337～－0.195	－0.254
	X_3	0.037～0.269	0.173
	X_4	0.281～0.380	0.317
	X_5	0.068～0.266	0.216
广东	X_1	0.237～0.334	0.302
	X_2	－0.321～－0.234	－0.280
	X_3	0.106～0.238	0.183
	X_4	0.286～0.369	0.322
	X_5	0.032～0.257	0.187
广西	X_1	0.261～0.339	0.298
	X_2	－0.306～－0.198	－0.262
	X_3	0.038～0.259	0.155
	X_4	0.262～0.343	0.299
	X_5	0.117～0.307	0.235

注：本表数据由主成分分析法得到。

(二)区域荔枝寒害评估

1. 寒害影响程度评估

(1)寒害等级评估

区域荔枝寒害等级评估按以下步骤进行：

①采用式(6-5)计算得到单站荔枝寒害指数(Hi)；

②计算评估区域内各站点(县)荔枝的产量权重系数，并应用式(6-7)计算区域荔枝寒害评估指数(HI)；

③根据区域荔枝寒害评估指数，按照区域荔枝寒害评估等级评估(表 6-3)，对区域荔枝寒害的影响情况分轻度、中度、重度、特重 4 个等级进行评估。

表 6-3 区域荔枝寒害等级评估

等级	区域荔枝寒害评估指数(HI)	减产率参考值(y_w)
轻度	$-0.2 \leqslant HI < -0.1$	$y_w < 10\%$
中度	$-0.1 \leqslant HI < 0.4$	$10\% \leqslant y_w < 20\%$
重度	$0.4 \leqslant HI < 1.2$	$20\% \leqslant y_w < 30\%$
特重	$HI \geqslant 1.2$	$y_w \geqslant 30\%$

(2)HI 的计算

评估区域内各站点(县)的寒害指数乘以其产量权重系数[即各站点(县)近 5～10 年荔枝产量占评估区域荔枝总产量的比值]后求和,作为该评估区域内的区域荔枝寒害评估指数。

$$HI=\sum_{q=1}^{p}b_q Hi_q \tag{6-7}$$

式中:HI 为区域荔枝寒害评估指数;b_q 为各站点(县)荔枝产量权重系数;Hi_q 为各站点(县)寒害指数;q 为第 q 个站点(县);p 为荔枝寒害区域评估总站点数。

2.寒害影响范围评估

区域荔枝寒害影响范围评估按以下步骤进行:

①根据单站荔枝寒害等级评估(表 6-1)来评估区域内各站点(县)荔枝寒害的出现情况;

②统计评估区域内出现荔枝寒害的站点(县)数占评估区域总站点数的百分率(St);

③根据出现荔枝寒害的站点百分率将荔枝寒害分局部寒害、区域寒害和大范围寒害 3 个等级,荔枝寒害影响范围评估如表 6-4 所示。

表 6-4 荔枝寒害影响范围评估

影响范围等级	百分率(St)
局部寒害	$St<30\%$
区域寒害	$30\%\leqslant St<50\%$
大范围寒害	$St\geqslant 50\%$

四、实习方法和步骤

已知广东佛冈某气象站点 1961 年 11 月—1962 年 3 月的逐日气象资料(平均温度、日最低温度、降水量),实习数据可通过扫描实习六后的资源下载码下载文件中的(6-1)。求算该时间段荔枝寒害的致灾因子、荔枝寒害指数,并评估荔枝寒害等级。下文以 1961 年 11 月 1 日—10 日地面气象观测数据序列(表 6-5)为例演示计算过程,其余数据不做展示。

1.Excel 实现

以 1961 年 11 月至 1962 年 3 月为例,A～F 列分别为 年、月、日、平均温度、最低温度、降水量。

表 6-5 某气象站点 1961 年 11 月—1962 年 3 月的逐日气象资料(局部)

年	月	日	平均温度/℃	最低温度/℃	降水量/mm
1961	11	1	22.4	18.6	0
1961	11	2	21.9	15.8	0
1961	11	3	22.1	18.8	0
1961	11	4	19.9	17.6	0
1961	11	5	17.6	12.5	0

续表6-5

年	月	日	平均温度/℃	最低温度/℃	降水量/mm
1961	11	6	17.5	11.0	0
1961	11	7	18.7	10.7	0
1961	11	8	21.0	14.5	0
1961	11	9	23.2	17.1	0
1961	11	10	21.5	15.0	0

步骤1:计算极端最低气温。在任意单元格输入＝MIN(E:E),即可求得最低温度列最小值为0.5℃。

步骤2:计算寒害累积日数。在任意单元格输入＝COUNTIF(E:E,"＜＝5"),即可求得寒害累积日数为24 d。

步骤3:计算积寒。筛选出日最低温度小于等于5℃的天数,计算这些天的日积寒并求和,得到积寒为3.82℃。

步骤4:计算最大降温幅度。筛选出日最低温度小于等于5℃的天数,计算这些天的日平均气温较前一天日平均气温的差,取这些差值的最小值,即最大降温幅度,为－3.3℃。

步骤5:计算寒害降水日数。同样利用COUNTIF()函数,在任意单元格输入＝COUNTIF(F:F,"＞＝5"),即可求得寒害降水日数为13 d。

按照同样的方法,可以计算出其他年份的致灾因子,如表6-6所示。

表6-6　某气象站点1961—2018年荔枝寒害致灾因子(局部)

年份	极端最低气温/℃	寒害累积日数/d	积寒/℃	最大降温幅度/℃	寒害降水日数/d
1961	0.5	24	3.82	－3.3	13
1962	－4.2	34	17.96	－3.7	14
1963	1.0	23	6.35	－3.6	26
1964	－0.5	21	5.09	－3.5	11
1965	0.8	10	2.53	－7.7	16
1966	－1.8	27	8.29	－5.7	17
1967	0.9	29	8.57	－3.1	24
1968	－0.5	21	13.10	－10.1	28
1969	－0.6	25	6.71	－4.5	18
1970	－0.6	21	7.25	－4.5	10
1971	1.1	19	7.47	－1.4	14
⋮	⋮	⋮	⋮	⋮	⋮
平均值	0.81	15.66	5.39	－4.01	19.55
标准差	1.69	9.08	5.89	2.57	7.58

步骤 6:致灾因子标准化。首先计算致灾因子的多年平均值和标准差[注意此处标准差分母为 n,不是 $n-1$,因此应该使用 STDEVP()函数,而不是 STDEV()函数],再计算逐年的标准化致灾因子,如表 6-7 所示。

步骤 7:计算寒害指数。根据表 6-2 中推荐的广东省荔枝寒害的影响系数和标准化致灾因子,可以计算出逐年的寒害指数,如表 6-7 所示。可以根据寒害指数划分相应的寒害等级。

表 6-7 某气象站点 1961—2018 年荔枝寒害标准化致灾因子及寒害指数(局部)

年份	标准化致灾因子					寒害指数
	极端最低气温/℃	寒害累积日数/d	积寒/℃	最大降温幅度/℃	寒害降水日数/d	
1961	−0.18	0.92	−0.27	0.28	−0.86	−0.43
1962	−2.96	2.02	2.13	0.12	−0.73	−1.17
1963	0.11	0.81	0.16	0.16	0.85	0.05
1964	−0.78	0.59	−0.05	0.20	−1.13	−0.56
1965	−0.01	−0.62	−0.49	−1.44	−0.47	−0.47
1966	−1.54	1.25	0.49	−0.66	−0.34	−1.00
1967	0.05	1.47	0.54	0.35	0.59	−0.07
1968	−0.78	0.59	1.31	−2.37	1.11	−0.71
1969	−0.83	1.03	0.22	−0.19	−0.20	−0.60
1970	−0.83	0.59	0.32	−0.19	−1.26	−0.66
1971	0.17	0.37	0.35	1.02	−0.73	0.20

2. MATLAB 编程实现

将数据存储在 Excel 文档中,第 1~6 列分别为 年、月、日、平均温度(℃)、最低温度(℃)、降水量(mm),数据可通过扫描实习六后的资源下载码下载文件中的(6-1),代码如下[完整代码可通过扫描实习六后的资源下载码下载文件中的(6-2)]:

```
clear %清空环境变量
clc  %清空窗口内容
CT=5.0;%荔枝寒害临界温度
ai=[0.302,-0.28,0.183,0.322,0.187];%致灾因子的影响系数
[filename filepath]=uigetfile('*.*','请选择文件');%filename 为文件名,filepath 为文件路径
if isequal(filename,0)
msgbox('您没有正确选择文件夹');
    return;
end
Data=xlsread([filepath,filename]);%读取文件,并赋值给矩阵 Data
```

```
year=min(Data(:,1));%起始年份
i=1;
while year<max(Data(:,1));%最大年份
  Data_year1=Data(find(Data(:,1)==year),:);
  Data_year2=Data(find(Data(:,1)==year+1),:);
  Data_year=[Data_year1(find(Data_year1(:,2)>10),:);Data_year2(find(Data_year2(:,2)<4),:)];
  HE(i,1)=year;%HE 为寒害致灾因子,第 1 列为年份
  HE(i,2)=min(Data_year(:,5));%HE 为寒害致灾因子,第 2 列为极端最低气温
  HE(i,3)=sum(Data_year(:,5)<=CT);%HE 为寒害致灾因子,第 3 列为寒害累积日数
  [row,col]=find(Data_year(:,5)<=CT);%找出最低温度小于 CT 的位置
  HE(i,4)=sum((CT-Data_year(row,5)).*(CT-Data_year(row,5))./(Data_year(row,4)-Data_year
(row,5))/4);
  %HE 为寒害致灾因子,第 4 列为积寒
  HE(i,5)=min(Data_year(row,4)-Data_year(row-1,4));%HE 为寒害致灾因子,第 5 列为最大降温幅度
  HE(i,6)=sum(Data_year(:,6)>=5);%HE 为寒害致灾因子,第 6 列为寒害降水日数
  i=i+1;
  year=year+1;
end
HEstand=(HE-mean(HE))./std(HE,1);
HEstand(:,1)=HE(:,1);%标准化值
HI(:,1)=HE(:,1);%HI 为寒害指数,第 1 列为年份
HI(:,2)=sum(ai'.*HEstand(:,2:end)');%HI 为寒害指数,第 2 列为寒害指数
```

结果保存在 HI 数组中,第 1～2 列分别为年份和寒害指数。

五、实习作业

根据广东佛冈、连平和韶关 3 个站点 1961—2015 年逐日气象数据,计算逐年的区域荔枝寒害指数,并进行区域的寒害等级评估,讨论气候变暖对该地区荔枝的寒害是否有影响(假设佛冈、连平和韶关的荔枝产量权重系数分别为 0.3,0.4 和 0.5)。气象数据可通过扫描实习六后的资源下载码下载文件中的(6-3)至(6-5)。

实习六 资源下载码(6-1 至 6-5)

参考文献

[1] 杜尧东,李春梅,毛慧琴. 广东省香蕉与荔枝寒害致灾因子和综合气候指标研究[J]. 生态学杂志,2006,25(02):225-230.

[2]李娜,霍治国,贺楠,等. 华南地区香蕉、荔枝寒害的气候风险区划[J]. 应用生态学报,2010,21(05):1244-1251.

[3] 王春林,刘锦銮,周国逸,等. 基于GIS技术的广东荔枝寒害监测预警研究[J]. 应用气象学报,2003,14(04):487-495.

[4] 全国农业气象标准化技术委员会. 荔枝寒害评估:QX/T 258—2015[S]. 北京:中国气象出版社,2015.

第三章　辐射资源分析方法

实习七　辐射计算及辐射资源丰富度和稳定性评估方法

小引：公元前4世纪，希腊学者亚里士多德以回归线和极圈把世界气候分为五带：热带、南温带、北温带、南寒带、北寒带。这种分类方法没有考虑海陆分布、地形起伏、云量多少等因素，假设气候只取决于地球各处所获得的太阳辐射能量的多少。由天文辐射所决定的地球气候就称为天文气候。辐射如何计算呢？

目前，世界各国政府实施了多种激励政策，以促进太阳能及其他可再生能源的开发和应用，光伏产业便是其一。这需要丰富和稳定的辐射资源，那么如何评估辐射资源的丰富度和稳定性呢？

一、实习目的

理解天文辐射、地表太阳辐射、地表净辐射和辐射资源丰富度的概念，通过实际计算，掌握天文辐射、地表太阳辐射、地表净辐射、辐射资源丰富度和稳定性评估的计算方法。

二、实习内容

基于某气象站点1961年逐日气象资料，分别用Excel、专业软件等方式计算天文辐射、地表太阳辐射、地表净辐射和辐射资源丰富度，并对辐射资源的稳定性进行评估。

三、实习原理和计算方法

1. 辐射计算

天文辐射：假设地球为没有大气的均一球体时，地球表面获得的太阳辐射，即到达大气上界的太阳辐射。某时刻天文辐射计算公式如下：

$$R'_a = I_0\left(\frac{d_0}{d}\right)^2 \sin h \tag{7-1}$$

式中：d_0为日地平均距离；d为任意时刻的日地距离；h为太阳高度角；I_0为太阳常数。

世界气象组织（WMO）1981 年公布的太阳常数值是（1 367±7）W·m^{-2}，表示在地球位于日地平均距离处时，地球大气上界垂直于太阳光线的单位面积在单位时间内所受到的太阳辐射的全谱总能量。

由于太阳表面常有黑子等活动现象，太阳常数并不是固定不变的，一年当中的变化幅度在 1%左右。

（1）天文辐射日总量

天文辐射日总量就是从日出到日落时刻这段时间内天文辐射的积分。

地球大气上界单位面积水平面上某段时间 $t_1 \sim t_2$ 的太阳总辐射量 R_a，等于该水平面上的太阳辐射强度在这段时间内的积分：

$$R_a = \int_{t_1}^{t_2} R'_a \mathrm{d}t = \int_{t_1}^{t_2} I_0 \left(\frac{d_0}{d}\right)^2 \sin h \, \mathrm{d}t = I_0 \left(\frac{d_0}{d}\right)^2 \int_{t_1}^{t_2} (\sin\varphi\sin\delta + \cos\varphi\cos\delta\cos\omega)\mathrm{d}t \quad (7\text{-}2)$$

时间时角的关系：

$$\omega = (t - \Delta t) \cdot 2\pi / T \quad (7\text{-}3)$$

式中：T 为地球自转周期（24 h）；Δt 为时差。

则：

$$R_a = \frac{I_0 d_m^2 T}{\pi} \int_{-\omega_0}^{\omega_0} (\sin\varphi\sin\delta + \cos\varphi\cos\delta\cos\omega)\mathrm{d}\omega, \; d_m = \frac{d_0}{d} \quad (7\text{-}4)$$

日出日落时刻，太阳高度角 $h=0$：

$$\omega_0 = \arccos(-\tan\varphi \cdot \tan\delta) \quad (7\text{-}5)$$

故有：

$$R_a = I_0 d_m^2 \frac{T}{\pi}(\omega_0 \sin\varphi\sin\delta + \cos\varphi\cos\delta\sin\omega_0), \; d_m^2 = \left(\frac{d_0}{d}\right)^2 \quad (7\text{-}6)$$

式中：R_a 为天文辐射日总量（MJ·m^{-2}·d^{-1}）；I_0 为太阳常数（0.082 0 MJ·m^{-2}·min^{-1}）；d_m^2 为地球轨道偏心率订正系数；T 为一天中的时间（24×60 min）；ω_0 为日落时角（rad）；φ 为当地纬度（rad）；δ 为太阳赤纬（rad），是地球中心与太阳中心的连线与地球赤道平面的夹角，它与所在地区无关，仅由日期决定。

此处需注意，当地纬度需由角度制换算为弧度制（rad）：弧度数＝角度数×π/180。特别注意太阳常数的单位。

地球轨道偏心率订正系数 d_m^2、太阳赤纬 δ（rad）、日落时角ω_0（rad）计算公式如下：

$$d_m^2 = 1 + 1.033\cos\left(\frac{2\pi}{365}J\right) \quad (7\text{-}7)$$

$$\delta = 0.409\sin\left(\frac{2\pi}{365}J - 1.39\right) \quad (7\text{-}8)$$

$$\omega_0 = \arccos(-\tan\varphi \cdot \tan\delta) \tag{7-9}$$

式中:J 为日序数,1 月 1 日为 1,1 月 2 日为 2……依此类推。

(2)地表太阳辐射

地表太阳辐射即经过大气对太阳辐射的吸收、反射、散射作用后,到达地面的太阳辐射。

$$R_s = R_a\left(a + b\frac{n}{N}\right) \tag{7-10}$$

式中:R_s 为地表太阳辐射($MJ \cdot m^{-2} \cdot d^{-1}$);$R_a$ 为天文辐射日总量($MJ \cdot m^{-2} \cdot d^{-1}$);$a$ 为阴天短波辐射通量与大气外层太阳辐射通量的比例;b 为晴天短波辐射通量与大气外层太阳辐射通量的比例,联合国粮食及农业组织提出的简化的 P-M 修正公式(FAO-PM)推荐的通用系数为 $a = 0.25$, $b = 0.5$;n 为实际日照时数(h);N 为可能最大日照时数(h),根据日落时角 ω_0 (rad)计算$\left(N = \frac{24}{\pi}\omega_0\right)$。

> 目前,我国有超过 2 000 个台站的气象数据记录,但仅有约 100 个辐射观测和记录台站,辐射观测站点稀缺,且时间和空间分辨率都不足以支撑实际生产和科学研究的需要。因此,建立地表太阳辐射计算公式是十分必要的。

(3)地表净辐射

地表净辐射即地表接收到的太阳短波辐射与地表发出的长波辐射之差。

$$R_n = R_{ns} - R_{nl} \tag{7-11}$$

式中:R_n 为地表净辐射($MJ \cdot m^{-2} \cdot d^{-1}$);$R_{ns}$ 为地表净短波辐射($MJ \cdot m^{-2} \cdot d^{-1}$);$R_{nl}$ 为地表净长波辐射($MJ \cdot m^{-2} \cdot d^{-1}$)。

地表净短波辐射 R_{ns} 计算公式如下:

$$R_{ns} = (1-\alpha)R_s \tag{7-12}$$

式中:R_s 为地表太阳辐射($MJ \cdot m^{-2} \cdot d^{-1}$);$\alpha$ 为反照率,取值 0.23。

地表净长波辐射 R_{nl} 计算公式如下:

$$R_{nl} = \sigma\left(\frac{T^4_{maxK} + T^4_{minK}}{2}\right)(0.34 - 0.14\sqrt{e_a})\left(1.35\frac{R_s}{R_{so}} - 0.35\right) \tag{7-13}$$

$$R_{so} = (0.75 + 2\times10^{-5}H)R_a \tag{7-14}$$

式中:σ 为斯蒂芬-玻尔兹曼常数(4.903×10^{-9} $MJ \cdot K^{-4} \cdot m^{-2} \cdot d^{-1}$);$T_{maxK}$、$T_{minK}$ 分别为一天中绝对最高、最低温度(K);e_a 为实际水汽压 (kPa);R_s/R_{so} 为相对短波辐射率;R_s 为地表太阳辐射($MJ \cdot m^{-2} \cdot d^{-1}$);$R_{so}$ 为晴空太阳辐射($MJ \cdot m^{-2} \cdot d^{-1}$);$H$ 为海拔高度(m);R_a 为天文辐射日总量($MJ \cdot m^{-2} \cdot d^{-1}$)。

其中,实际水汽压 e_a(kPa)计算公式为:

$$e_a = e_s \times R_h / 100 \tag{7-15}$$

$$e_s = \frac{e^0(T_{max}) + e^0(T_{min})}{2} \tag{7-16}$$

$$e^{0}(T)=0.6108e^{\frac{17.27T}{T+237.3}} \tag{7-17}$$

式中：e_s 为饱和水汽压 (kPa)；T_{max}、T_{min} 分别为一天中最高、最低温度(℃)；R_h 为相对湿度(%)。

辐射计算公式需要详细的气象资料，而大多数地区难以提供这些完整的资料。

需要输入的实测数据有：

日最高气温(℃)；日最低气温(℃)；实际日照时数(h)；相对湿度(%)；海拔(m)；纬度(°)。

2. 辐射资源丰富度评估方法

研究者以年太阳总辐射为指标，进行太阳能资源丰富程度评估(表 7-1)[《太阳能资源评估方法》(GB/T 37526—2019)]。

表 7-1 太阳能资源丰富程度评估表

太阳年辐射总量/(MJ · m^{-2} · a^{-1})	资源丰富程度
≥6 300	资源最丰富
5 040～<6 300	资源很丰富
3 780～<5 040	资源丰富
<3 780	资源一般

注：太阳年辐射总量为逐日地表太阳辐射的累加值。

3. 辐射资源稳定性评估方法

各月日照时数大于 6 h 的天数这一指标，能反映一天中太阳能资源的利用价值。一年中各月日照时数大于 6 h 的天数的最大值与最小值的比值，能反映太阳能资源稳定程度。

$$K=\frac{\max(\mathrm{Day}_1,\mathrm{Day}_2,\cdots,\mathrm{Day}_{12})}{\min(\mathrm{Day}_1,\mathrm{Day}_2,\cdots,\mathrm{Day}_{12})} \tag{7-18}$$

式中：K 为太阳能资源稳定程度指标；Day_1～Day_{12} 分别为 1～12 月各月日照时数大于 6 h 的天数；max()和 min()分别为求最大和最小值的标准函数。

K 值可以反映当地太阳能资源全年变幅的大小，比值越小说明太阳能资源全年变化越稳定，就越利于太阳能资源的利用。太阳能资源稳定程度体现为 K 值的不同范围：

稳定：$K<2$；较稳定：$2<K<4$；不稳定：$K>4$。

四、实习方法和步骤

本实习以北京密云站(纬度 39.8°，海拔 71.8 m)为例，按照实习步骤，计算 1961 年逐日天文辐射、地表太阳辐射和地表净辐射，并评估该地区辐射资源的丰富度和稳定性(实际评估一个地区辐射资源的丰富度和稳定性需要多年的气候数据，此处仅为计算示例)，实习数据可通过扫描实习七后的资源下载码下载文件中的(7-1)。下文仅以 1961 年 1 月 1 日—10 日地面气象观测数据序列演示计算过程和结果，其余数据不做展示（表 7-2）。

表 7-2　密云站 1961 年 1 月地面气象观测数据(局部)

年	月	日	最高温度/℃	最低温度/℃	相对湿度/%	日照时数/h
1961	1	1	0.7	−14.7	41	7.7
1961	1	2	1.7	−12.9	45	6.4
1961	1	3	1.2	−8.9	20	7.5
1961	1	4	−1.2	−16.7	32	7.9
1961	1	5	−3.2	−11.9	21	6.9
1961	1	6	−0.7	−16.6	32	7.7
1961	1	7	3.5	−14.2	38	7.5
1961	1	8	2.5	−13.0	32	5.7
1961	1	9	1.5	13.0	48	3.8
1961	1	10	−5.4	−13.7	18	7.4

1. Excel 实现

步骤 1：按照实习方法的计算步骤，依次计算每天的 d_m^2（地球轨道偏心率订正系数）、δ（太阳赤纬）、ω_0（时角）、R_a（天文辐射）、N（最大日照时数）、R_s（地表太阳辐射）、$e^0(T_{max})$、$e^0(T_{min})$、e_s（饱和水汽压）、e_a（实际水汽压）、R_{so}（晴天地表短波辐射通量）、R_{ns}（地表净短波辐射）、R_{nl}（地表净长波辐射）及 R_n（地表净辐射），其结果如表 7-3 所示。

表 7-3　密云站 1961 年天文辐射、地表太阳辐射和地表净辐射计算过程及结果(局部)

J	d_m^2	δ/rad	ω_0/rad	R_a /(MJ·m^{-2}·d^{-1})	N/h	R_s /(MJ·m^{-2}·d^{-1})	$e^0(T_{max})$ /kPa
1	1.033	−0.401	1.210	13.956	9.242	9.303	0.643
2	1.033	−0.400	1.211	14.012	9.253	8.348	0.691
3	1.033	−0.398	1.213	14.072	9.266	9.213	0.666
4	1.033	−0.396	1.215	14.136	9.279	9.552	0.559
5	1.033	−0.395	1.217	14.205	9.294	8.825	0.482
6	1.033	−0.393	1.219	14.278	9.309	9.475	0.580
7	1.033	−0.391	1.221	14.356	9.325	9.362	0.785
8	1.033	−0.388	1.223	14.438	9.342	8.014	0.731
9	1.033	−0.386	1.225	14.525	9.360	6.580	0.681
10	1.033	−0.384	1.228	14.616	9.379	9.420	0.409

续表 7-3

J	$e^0(T_{min})$ /kPa	e_s/kPa	e_a/kPa	R_{so}/(MJ · m^{-2} · d^{-1})	R_{ns}/(MJ · m^{-2} · d^{-1})	R_{nl}/(MJ · m^{-2} · d^{-1})	R_n/(MJ · m^{-2} · d^{-1})
1	0.195	0.419	0.172	10.487	7.163	5.910	1.253
2	0.226	0.458	0.206	10.529	6.428	5.026	1.402
3	0.312	0.489	0.098	10.574	7.094	6.326	0.768
4	0.165	0.362	0.116	10.622	7.355	6.065	1.290
5	0.245	0.364	0.076	10.674	6.795	5.642	1.153
6	0.167	0.374	0.120	10.729	7.296	5.926	1.370
7	0.203	0.494	0.188	10.788	7.209	5.826	1.383
8	0.224	0.478	0.153	10.849	6.171	4.687	1.484
9	0.224	0.453	0.217	10.914	5.066	3.209	1.857
10	0.212	0.310	0.056	10.983	7.253	5.879	1.374

步骤 2:将逐日地表太阳辐射累加得到该地区 1961 年的年太阳总辐射为 5 814 MJ · m^{-2},太阳能资源很丰富。

步骤 3:统计一年中各月日照时数大于 6 h 的天数,找出最大值与最小值分别为 29 d 和 14 d,计算 K 值为 2.07,故该地区太阳能资源较稳定。

2. MATLAB 编程实现

将数据存储在 Excel 文档中,第 1～7 列分别为年、月、日、最高温度(℃)、最低温度(℃)、相对湿度(%)、日照时数(h),数据须为一整年的数据,实习数据可通过扫描实习七后的资源下载码下载文件中的(7-1)。数据可放在任意路径下(即不提前设定数据存储路径),可以通过弹出的窗口进行选择文件[其他数据格式输入见实习一,此处不再赘述,直接提供完整代码,不再分步骤讲解。完整代码可通过扫描实习七后的资源下载码下载文件中的(7-2)]。

```
clear %清空环境变量
clc  %清空窗口内容
pi=3.1415926;%圆周率 Pi
sten=4.903e-9;%斯蒂芬-玻尔兹曼常数
lat1=39.8;%纬度,根据具体地理位置修改
h=71.8;%海拔,根据具体地理位置修改
[filename filepath]=uigetfile('*.*','请选择文件');%filename 为文件名,filepath 为文件路径
if isequal(filename,0)
msgbox('您没有正确选择文件夹');
    return;
end
Data=xlsread([filepath,filename]);%读取文件,并赋值给矩阵 Data
xu=1:length(Data);%日序
```

```
lat=lat1 * pi/180;%纬度转化为弧度制
tmax=Data(:,4);%日最高温度
tmin=Data(:,5);%日最低温度
rh=Data(:,6);%相对湿度
sun=Data(:,7);%日照时数
es=0.6108 * exp(17.27 * tmin./(237.3+tmin)) * 0.5+...
   0.6108 * exp(17.27 * tmax./(237.3+tmax)) * 0.5;%饱和水汽压 es
ea1=es. * rh/100;%实际水汽压 ea
dr=1+0.033 * cos(2 * pi * xu'/365);%地球轨道偏心率订正系数
s=0.409 * sin(2 * pi * xu'/365-1.39);%太阳赤纬
ws=acos(-tan(lat) * tan(s));%日落时角
ra=24 * 60/pi * 0.082 * dr. * ((ws * sin(lat). * sin(s))...
    +cos(lat) * cos(s). * sin(ws));%天文辐射日总量 Ra
rso=(0.75+0.00002 * h) * ra;%晴空太阳辐射
suno=24 * ws/pi;%可能最大口照时数
rs=(0.25+0.5 * sun./suno). * ra;%地表太阳辐射
rns=0.77 * rs;%地表净短波辐射
rnl=sten * 0.5 * ((tmax+273.16).^4+(tmin+273.16).^4). * (0.34-0.14 * sqrt(ea1))...
   . * (1.35 * rs./rso-0.35);%Rnl 为地表净长波辐射
rn=rns-rnl;%地表净辐射
year_rs=sum(rs);%年太阳辐射
for i=1:12
    Data_mon=Data(find(Data(:,2)==i),7);%月日照时数
    Day_K(i)=sum(Data_mon>6);%月中日照时数大于 6h 的天数
end
K=max(Day_K)/min(Day_K);
```

结果数据中,ra 为天文辐射日总量,rs 为地表太阳辐射,rn 为地表净辐射,year_rs 为年太阳辐射,K 为稳定度参数,可根据注释查询中间过程变量。

五、实习作业

计算北京密云站(纬度 39.8°,海拔 71.8 m)和西藏泽当站(纬度 29°15′,海拔 3 551.7 m)1961—2015 年的年太阳总辐射,对比评估北京密云和西藏泽当的辐射资源丰富度和稳定性,分析气候变化背景下辐射资源的变化情况。气象数据可通过扫描实习七后的资源下载码下载文件中的(7-3)至(7-4)。

实习七 资源下载码(7-1 至 7-4)

参考文献

[1] 胡琦,潘学标,李秋月,等. 气候变化背景下东北地区太阳能资源多时间尺度空间分布与变化特征[J]. 太阳能学报,2016,37(10):2647-2652.

[2] 刘玉洁,潘韬. 中国地表太阳辐射资源空间化模拟[J]. 自然资源学报,2012,27(08):1392-1403.

[3] 汪凯,叶红,陈峰,等. 中国东南部太阳辐射变化特征、影响因素及其对区域气候的影响[J]. 生态环境学报,2010(05):1119-1124.

[4] 郑小波,王学锋,罗宇翔,等. 1961—2005 年云贵高原太阳辐射变化特征及其影响因子[J]. 气候与环境研究,2011,16(5):657-664.

实习八　作物光合生产潜力和光能利用率的计算方法

小引：了解当地目前农田(或作物)的光能利用率及当地光资源可提供的潜在产量情况，是对地区光资源进行分析的重要内容之一。

影响光能利用率的因素有很多，如光强、温度、湿度、植物的种类以及疏密程度等。

提高光能利用率的方法：延长光合作用时间(如复种)，增加光合作用面积(如合理密植间作套种)，提高光合作用效率(如控制光照强弱和成分，增加 CO_2 浓度，合理施肥)等。

一、实习目的

理解光合生产潜力和光能利用率的概念及研究意义，通过实际计算，掌握地区光能利用率及作物光合生产潜力的求算方法。

二、实习内容

①学习利用辐射、温度及叶面积资料求算作物光合生产潜力的方法；

②学习求算不同种植方式的光能利用率，并进行比较分析。

三、实习原理和计算方法

1. 光能利用率

光能利用率指农田(或作物)获得的产量所贮存的能量与投入该面积的光能之比。

农田光能利用率的求算方法：

$$E(\%)=\frac{W\cdot H}{\sum Q}=\frac{1\,000\,Y\cdot H}{\sum Q\times 666.67\times 10^4} \tag{8-1}$$

式中：W 为作物干物质产量或籽粒产量($kg\cdot$亩$^{-1}$，1 亩≈666.67 m^2)；H 为作物产热率($kJ\cdot g^{-1}$)，即燃烧 1 g 干物质所放出的能量，作物平均产热率为 17.79 $kJ\cdot g^{-1}$，本实习各作物产热率，冬小麦、玉米按 17.8 $kJ\cdot g^{-1}$，大豆按 23.1 $kJ\cdot g^{-1}$ 计算；Q 为投入该面积的辐射量($kJ\cdot cm^{-2}$)；Y 为作物生物学产量或籽粒产量($kg\cdot$亩$^{-1}$)；1 000 及 666.67×10^4 为当 Y($kg\cdot$亩$^{-1}$)直接代入公式的换算系数。

2. 光合生产潜力

光合生产潜力指在集约农业中，生产条件(水、肥、劳力、技术)得到充分保证，生态因子适宜(温度适宜、CO_2 供应充足，没有不利因素)时，理想的作物群体(密度、结构、株型合理)中，单位面积上实际获取的太阳辐射量所能形成的最高产量。

利用辐射、温度及叶面积资料，求算作物光合生产潜力(Y)：

$$Y=\sum_{i=1}^{n}K\cdot e_i\cdot q_i \tag{8-2}$$

式中：K 为能量转换系数，$K=374.5\ \text{kg}\cdot 亩^{-1}$；$e_i$ 为各生育时段的光能利用率(%)；q_i 为各生育时段的辐射量($\text{kJ}\cdot\text{cm}^{-2}$)。

辐射的计算参照实习五的计算方法。需要注意的是，求算出来的辐射量单位为 $\text{MJ}\cdot\text{m}^{-2}$，而本实习辐射量单位为 $\text{kJ}\cdot\text{cm}^{-2}$，需要进行换算。

四、实习方法和步骤

1. 光能利用率的计算

已知北京市密云区 1961 年 10 月 1 日—1962 年 9 月 30 日气象数据[仅以 1961 年 10 月 1 日—10 日地面气象观测数据序列演示初始数据(表 8-1)，其余数据可通过扫描实习八后的资源下载码下载文件中的(8-1)]及作物产量数据(表 8-2)，计算不同种植方式生育期间的光能利用率及年光能利用率。

表 8-1 密云站 1961 年地面气象观测数据(局部)

年	月	日	最高温度/℃	最低温度/℃	相对湿度/%	日照时数/h
1961	10	1	19.8	9.7	82	2.0
1961	10	2	20.9	9.6	79	2.3
1961	10	3	19.7	13.7	87	0
1961	10	4	24.2	11.6	79	5.3
1961	10	5	23.4	9.4	50	10.3
1961	10	6	24.7	6.2	50	10.5
1961	10	7	23.5	6.2	60	10.0
1961	10	8	27.4	9.9	60	10.0
1961	10	9	24.2	9.1	66	9.7
1961	10	10	19.3	8.3	74	1.7

表 8-2　不同种植方式各作物的产量(1961—1962 年)

作物		经济产量/(kg·亩$^{-1}$) 单作	经济产量/(kg·亩$^{-1}$) 全年	生物学产量/(kg·亩$^{-1}$) 单作	生物学产量/(kg·亩$^{-1}$) 全年	播种	生育期/(日/月) 出苗	生育期/(日/月) 成熟
一年一熟	冬小麦		321.3		827.0	10 月 5 日*	10 月 13 日*	6 月 21 日
	春玉米		501.8		1 286.8	4 月 28 日	5 月 9 日	9 月 3 日
	春大豆		168.0		441.6	4 月 28 日	5 月 9 日	9 月 6 日
一年两熟	冬小麦	321.3	632.6	827.0	1 630.0	10 月 5 日*	10 月 13 日*	6 月 21 日
	夏玉米	311.3		803.0		6 月 23 日	6 月 28 日	9 月 20 日
	冬小麦	321.3	406.3	827.0	1 075.0	10 月 5 日*	10 月 13 日*	6 月 21 日
	夏大豆	85.0		248.0		6 月 23 日	6 月 28 日	9 月 20 日
	冬小麦	288.9	826.5	780.1	2 257.5	10 月 5 日*	10 月 13 日*	6 月 21 日
	套玉米	537.9		1 477.4		5 月 21 日	5 月 29 日	9 月 24 日

注:标注“*”的日期为 1961 年日期,未标注的为 1962 年日期。

步骤 1:根据密云站 1961 年 10 月 1 日—1962 年 9 月 30 日气象数据和表 8-2 作物生育期数据,计算各种植方式下各作物出苗至成熟的太阳辐射量以及全年辐射量(kJ·cm^{-2})(全年指的是 1961 年 10 月 1 日—1962 年 9 月 30 日),填入表 8-3 中。

表 8-3　密云地区不同种植方式各作物的生育期内太阳辐射量与全年辐射量(1961—1962 年)

作物		经济产量/(kg·亩$^{-1}$) 单作	经济产量/(kg·亩$^{-1}$) 全年	生物学产量/(kg·亩$^{-1}$) 单作	生物学产量/(kg·亩$^{-1}$) 全年	生育期/(日/月) 播种	生育期/(日/月) 出苗	生育期/(日/月) 成熟	出苗至成熟太阳辐射量/(kJ·cm^{-2})		全年辐射量/(kJ·cm^{-2})
一年一熟	冬小麦		321.3		827.0	10 月 5 日*	10 月 13 日*	6 月 21 日	256.34		397.14
	春玉米		501.8		1 286.8	4 月 28 日	5 月 9 日	9 月 3 日	147.41		397.14
	春大豆		168.0		441.6	4 月 28 日	5 月 9 日	9 月 6 日	151.03		397.14
一年两熟	冬小麦	321.3	632.6	827.0	1 630.0	10 月 5 日*	10 月 13 日*	6 月 21 日	256.34	367.02	397.14
	夏玉米	311.3		803.0		6 月 23 日	6 月 28 日	9 月 20 日	110.68		397.14
	冬小麦	321.3	406.3	827.0	1 075.0	10 月 5 日*	10 月 13 日*	6 月 21 日	256.34	367.02	397.14
	夏大豆	85.0		248.0		6 月 23 日	6 月 28 日	9 月 20 日	110.68		397.14
	冬小麦	288.9	826.5	780.1	2 257.5	10 月 5 日*	10 月 13 日*	6 月 21 日	256.34	343.78	397.14
	套玉米	537.9		1 477.4		5 月 21 日	5 月 29 日	9 月 24 日	156.01		397.14

注:标注“*”的日期为 1961 年日期,未标注的为 1962 年日期。

步骤 2:计算出苗至成熟生育期间的光能利用率以及全年的光能利用率 E(%),计算结果如表 8-4 所示。

> 注意:各参数的单位及单位间换算。注意大豆与冬小麦、夏玉米的作物产热率数值不同;一年两熟冬小麦-套玉米种植方式中,两种作物出苗至成熟生育期内有小部分时间重叠(即 5 月 29 日至 6 月 21 日),需注意该种植方式下太阳辐射量的计算;生育期间的辐射量的计算过程中,需要注意生育期的时间范围;生育期间与全年光能利用率的不同之处主要在于投入该面积上的辐射量 Q 的计算时间范围不同。

表 8-4 密云各作物出苗至成熟生育期间的光能利用率以及全年的光能利用率

作物		经济产量/(kg·亩$^{-1}$)		生物学产量/(kg·亩$^{-1}$)		生育期/(日/月)			出苗至成熟太阳辐射量/(kJ·cm^{-2})		全年辐射量/(kJ·cm^{-2})	生育期间 E/%		年 E/%	
		单作	全年	单作	全年	播种	出苗	成熟							
一年一熟	冬小麦		321.3		827.0	10月5日*	10月13日*	6月21日	256.34		397.14	0.86		0.56	
	春玉米		501.8		1 286.8	4月28日	5月9日	9月3日	147.41		397.14	2.33		0.87	
	春大豆		168.0		441.6	4月28日	5月9日	9月6日	151.03		397.14	1.01		0.39	
一年两熟	冬小麦	321.3	632.6	827.0	1 630.0	10月5日*	10月13日*	6月21日	256.34	367.02	397.14	0.86	1.19	0.56	1.10
	夏玉米	311.3		803.0		6月23日	6月28日	9月20日	110.68		397.14	1.94		0.54	
	冬小麦	321.3	406.3	827.0	1 075.0	10月5日*	10月13日*	6月21日	256.34	367.02	397.14	0.86	0.84	0.56	0.77
	夏大豆	85.0		248.0		6月23日	6月28日	9月20日	110.68		397.14	0.78		0.22	
	冬小麦	288.9	826.5	780.1	2 257.5	10月5日*	10月13日*	6月21日	256.34	343.78	397.14	0.81	1.75	0.52	1.52
	套玉米	537.9		1 477.4		5月21日	5月29日	9月24日	156.01		397.14	2.53		0.99	

注:标注"*"的日期为 1961 年日期,未标注的为 1962 年日期。

2. 作物光合生产潜力的计算

已知北京市密云区 1961 年 3 月—6 月气象数据[仅以 1961 年 3 月 1 日—10 日地面气象观测数据序列演示初始数据(表 8-5),其余数据可通过扫描实习八后的资源下载码下载文件中的(8-1)]及冬小麦各旬平均 LAI(叶面积指数)数据(表 8-6),按辐射、温度、叶面积指数方法求算北京密云地区冬小麦生育期内(3 月上旬—6 月中旬)的光合生产潜力。

表 8-5　密云地区 1961 年 3 月 1 日—10 日地面气象观测数据

年	月	日	最高温度/℃	最低温度/℃	平均温度/℃	相对湿度/%	日照时数/h
1961	3	1	13.6	−0.9	4.7	69	8.5
1961	3	2	11.2	1.6	6.1	37	7.2
1961	3	3	10.0	−3.2	3.4	42	7.9
1961	3	4	9.0	−6.6	2.1	37	10.1
1961	3	5	14.2	−4.7	3.8	48	9.6
1961	3	6	7.5	−0.9	3.5	15	10.4
1961	3	7	8.0	−8.0	0.9	40	9.5
1961	3	8	10.2	−3.7	2.7	46	10.1
1961	3	9	7.3	−5.5	1.5	54	6.5
1961	3	10	10.9	0.3	4.4	57	9.0

表 8-6　密云地区冬小麦 1961 年 3 月—6 月中旬各旬平均 LAI

旬/月	上/3	中/3	下/3	上/4	中/4	下/4	上/5	中/5	下/5	上/6	中/6
平均 LAI	0.2	0.7	1.3	2.3	3.3	4.5	5.3	5.8	4.3	2.4	0.7

步骤 1:根据气象资料计算各旬的平均温度,结果如表 8-7 所示。

表 8-7　密云地区 1961 年 3 月—6 月中旬的各旬平均温度

项目	旬/月											$\sum$
	上/3	中/3	下/3	上/4	中/4	下/4	上/5	中/5	下/5	上/6	中/6	
旬平均温度 t'_i/℃	3.3	7.0	9.7	10.9	15.6	17.6	19.5	20.6	23.2	25.3	23.9	176.7

步骤 2:根据已知地区各旬的旬平均温度 t'_i,求算出各旬变换后的旬平均温度 t_i,如表 8-8 所示。

$$t_i=\begin{cases}0, & t'_i \leqslant T_1 \text{ 或 } t'_i \geqslant T_2 \\ t'_i, & T_1 < t'_i \leqslant T \\ T-(t'_i-T)=2T-t'_i, & T < t'_i < T_2\end{cases} \tag{8-3}$$

式中:t'_i 为各生育时段的实际平均温度(℃);T_1 为光合作用下限温度,冬小麦 $T_1=0$℃;T 为最适温度,冬小麦 $T=20$℃;T_2 为光合作用上限温度,冬小麦 $T_2=30$℃。

表 8-8 密云地区 1961 年 3 月—6 月中旬各旬变换后的旬平均温度

项目	旬/月											$\sum$
	上/3	中/3	下/3	上/4	中/4	下/4	上/5	中/5	下/5	上/6	中/6	
变换后的旬平均温度 t_i/℃	3.3	7.0	9.7	10.9	15.6	17.6	19.5	19.4	16.8	14.7	16.1	150.5

步骤 3:根据气象数据计算各旬的总辐射量,如表 8-9 所示。

表 8-9 密云地区 1961 年 3 月—6 月中旬各旬总辐射量

项目	旬/月											$\sum$
	上/3	中/3	下/3	上/4	中/4	下/4	上/5	中/5	下/5	上/6	中/6	
旬总辐射量 q_i/(kJ·cm^{-2})	16.05	14.62	21.34	21.57	22.99	20.75	23.24	23.09	27.73	23.61	18.78	233.78

步骤 4:求出各旬的 $q_i \times L_i \times t_i$ 值,如表 8-10 所示。

表 8-10 密云地区 1961 年 3 月—6 月中旬各旬 $q_i \times L_i \times t_i$ 值

项目	旬/月											$\sum$
	上/3	中/3	下/3	上/4	中/4	下/4	上/5	中/5	下/5	上/6	中/6	
$q_i \times L_i \times t_i$	10.62	71.75	267.82	542.86	1 184.83	1 645.59	2 397.26	2 597.29	2 003.08	830.70	211.09	11 762.91

步骤 5:计算全生育期的光合生产潜力值 Y,如表 8-11 所示。

$$Y = \frac{KE}{LT}\sum_{i=1}^{n} q_i L_i t_i \tag{8-4}$$

式中:K 为能量转换系数,$K=374.5$ kg·亩$^{-1}$;q_i 为各生育时段的辐射量(kJ·cm^{-2});E 为生育盛期的理论最大光能利用率(取 6%);L_i 为各生育时段的实际叶面积指数;t_i 为各生育时段变换后的平均温度(℃);L 为理想群体的最大叶面积,冬小麦 $L=6$;T 为最适温度,冬小麦 $T=20$℃。

表 8-11 密云地区 1961 年 3 月—6 月中旬冬小麦光合生产潜力表

项目	旬/月											$\sum$
	上/3	中/3	下/3	上/4	中/4	下/4	上/5	中/5	下/5	上/6	中/6	
$Y=\frac{KE}{LT}\sum_{i=1}^{n} q_i L_i t_i$	1.99	13.44	50.15	101.65	221.86	308.14	448.89	486.34	375.08	155.55	39.53	2 202.60

步骤 6:将所有参数的计算结果整合在一起,如表 8-12 所示。

表 8-12　密云地区 1961 年 3 月—6 月中旬冬小麦光合生产潜力计算过程结果表

项目	旬/月											∑
	上/3	中/3	下/3	上/4	中/4	下/4	上/5	中/5	下/5	上/6	中/6	
(1)旬平均温度 t'_i/℃	3.3	7.0	9.7	10.9	15.6	17.6	19.5	20.6	23.2	25.3	23.9	176.7
(2)变换后的旬平均温度 t_i/℃	3.3	7.0	9.7	10.9	15.6	17.6	19.5	19.4	16.8	14.7	16.1	150.5
(3)旬总辐射量 q_i/(kJ·cm^{-2})	16.05	14.62	21.34	21.57	22.99	20.75	23.24	23.09	27.73	23.61	18.78	233.78
(4)高产群体叶面积指数 L_i	0.2	0.7	1.3	2.3	3.3	4.5	5.3	5.8	4.3	2.4	0.7	30.8
(5)(2)×(3)×(4)	10.62	71.75	267.82	542.86	1 184.83	1 645.59	2 397.26	2 597.29	2 003.08	830.70	211.09	11 762.91
(6)$Y=\frac{KE}{LT}\sum_{i=1}^{n} q_i L_i t_i$	1.99	13.44	50.15	101.65	221.86	308.14	448.89	486.34	375.08	155.55	39.53	2 202.60

五、实习作业

根据北京市密云区 2011—2012 年气象数据、作物产量数据(采用表 8-2 的作物产量数据),计算不同种植方式生育期间的光能利用率及年光能利用率;利用 2012 年气象资料以及叶面积指数(采用表 8 6 的叶面积指数数据),按辐射、温度、叶面积指数方法求算北京密云地区 2012 年冬小麦的光合生产潜力(生育期为 3 月上旬—6 月中旬),并按照表 8-12 的格式对计算过程和结果进行整理。相关气象数据可通过扫描实习八后的资源下载码下载文件中的(8-1),数据保留两位小数即可。

实习八　资源下载码(8-1)

参考文献

[1] 成升魁，张宪洲，许毓英，等. 西藏玉米生物生产力及其光能利用率特征[J]. 资源科学，2001，23(05):58-61.

[2] 崔晓朋，张喜英，孙宏勇，等. 水氮管理及品种对冬小麦光能利用率的影响[J]. 中国生态农业学报，2015,23(10):1236-1243.

[3] 孟平，宋兆民，张劲松，等. 农林复合系统光能利用率的研究[J]. 林业科学，1997，33(专刊 1):14-19.

[4] 赵春华，马光泉，刘美良，等. 作物产量与光合作用的相关分析:作物产量与光能利用率的关系[J]. 农业与技术，1997(01):18-19.

[5] 赵育民，牛树奎，王军邦，等. 植被光能利用率研究进展[J]. 生态学杂志，2007(09):1471-1477.

实习九 地表太阳辐射公式经验系数估算方法

小引:地表太阳辐射计算公式中的经验系数 a,b 值一方面受大气光学质量因子与气团性质因子的影响,呈现时间变化的特征;另一方面受纬度、海拔高度等地理因素的影响,呈现空间变化的特征。联合国粮食及农业组织(FAO)推荐的通用经验系数值可以在计算精度要求不高时使用,但具体到某地高精度计算时,需要根据实测资料重新估算该地区的经验系数 a,b 值。

一、实习目的

理解地表太阳辐射公式经验系数的概念及研究意义,通过实际计算,掌握地表太阳辐射公式经验系数估算方法。

二、实习内容

①基于某气象站点 1961—2015 年逐日辐射和日照时数资料,以日起点和月起点分别用 Excel、MATLAB、专业软件等计算地表太阳辐射公式经验系数 a,b 值。

②比较日起点和月起点两种方法得到的地表太阳辐射公式模拟效果。

三、实习原理和计算方法

1. 经验系数 a,b 值估算

计算地面太阳总辐射多采用 Angstrom-Prescott 经验模型法,其基本形式为

$$R_s = R_a(a + bS) \qquad (9\text{-}1)$$

$$S = n/N$$

式中:R_s 为地表太阳辐射;R_a 为起始数据,即理想大气辐射量、晴天状况下辐射量或天文辐射量;a,b 为经验系数;S 为日照百分率;n 为实际日照时数;N 为可能最大日照时数。

和清华等研究表明,以天文辐射为起始值时,经验系数 a,b 值的相对变化最小,故本文采用天文辐射量作为起始数据。地表太阳辐射计算可分别以日起点和月起点计算,这两种计算方法的区别仅为天文辐射的起点是日值或月值,即仅为天文辐射量和日照百分率的不同,计算方法并无差别。

由式(9-1)可得:

$$R_s/R_a = a + b(n/N) \qquad \boxed{\text{形如线性方程 } y = ax + b} \qquad (9\text{-}2)$$

式中：天文辐射量 R_a 与可能最大日照时数均可以通过理论计算得来，因此，经验系数 a，b 可利用各站实测的辐射资料和日照时数资料，用最小二乘法求得。

2. 经验公式评估指标

本实习评估经验公式模拟性能的指标依据为相对误差(δ)，计算公式如下：

$$\delta=\frac{\Delta}{L}\times 100\% \tag{9-3}$$

式中：Δ 为绝对误差，即实测值与模拟值之差的绝对值；L 为实测值。

相对误差 δ 越小，则模拟效果越好。

站点的多年实测数据以 3 年为周期分成两部分数据集，前两年数据用以建立拟合模型，后一年测量值用于评估检验模型。

四、实习方法和步骤

已知某地区(纬度 30.27°，海拔 7.1 m)1962—1990 年逐日地表辐射和日照时数，分别以日起点和月起点求算该地区年地表太阳辐射公式经验系数，并比较经验公式模拟性能。下文仅以 1962 年 1 月 1 日—10 日地面气象观测数据序列演示计算过程(表 9-1)，其余数据不做展示[具体数据可通过扫描实习九后的资源下载码下载文件中的(9-1)，缺测数据已被剔除]。

表 9-1 某地区 1962—1990 年逐日地表太阳辐射和日照时数观测数据(局部)

年	月	日	地表太阳辐射/($MJ \cdot m^{-2}$)	日照时数/h
1962	1	1	15.16	8.8
1962	1	2	8.26	9.4
1962	1	3	9.31	1.7
1962	1	4	15.58	9.1
1962	1	5	14.60	8.7
1962	1	6	11.58	5.7
1962	1	7	0.81	0
1962	1	8	5.07	0.7
1962	1	9	14.62	9.1
1962	1	10	15.21	8.8

1. Excel 实现

步骤 1：按照实习五的计算方法，计算逐日天文辐射和可能最大日照时数，如表 9-2 所示。

表 9-2　某地区 1962—1990 年逐日天文辐射、可能最大日照时数计算及结果(局部)

年	月	日	地表太阳辐射/(MJ·m^{-2})	日照时数/h	天文辐射/(MJ·m^{-2})	可能最大日照时数/h
1962	1	1	15.16	8.8	19.822	10.090
1962	1	2	8.26	9.4	19.875	10.098
1962	1	3	9.31	1.7	19.931	10.106
1962	1	4	15.58	9.1	19.992	10.115
1962	1	5	14.60	8.7	20.056	10.125
1962	1	6	11.58	5.7	20.125	10.135
1962	1	7	0.81	0	20.198	10.146
1962	1	8	5.07	0.7	20.275	10.158
1962	1	9	14.62	9.1	20.355	10.170
1962	1	10	15.21	8.8	20.440	10.182

步骤 2:将多年实测数据以 3 年为周期分成两部分数据集,前两年数据集用以建立拟合模型,后一年测量值用于评估检验模型。

拟合模型数据集 D1 为 1962,1963,1965,1966,1968……年逐日数据。

检验模型数据集 D2 为 1964,1967,1970……年逐日数据。

步骤 3:拟合数据,建立地表太阳辐射经验公式。

以日起点计算:根据拟合模型数据集 D1 中逐日的地表太阳辐射、日照时数、天文辐射和可能最大日照时数数据,求算逐日的日照百分率和地表太阳辐射/天文辐射(表 9-3)。

表 9-3　日起点拟合模型数据集逐日日照百分率和地表太阳辐射/天文辐射计算及结果(局部)

年	月	日	地表太阳辐射/(MJ·m^{-2})	日照时数/h	天文辐射/(MJ·m^{-2})	可能最大日照时数/h	日照百分率	地表太阳辐射/天文辐射
1962	1	1	15.16	8.8	19.822	10.090	0.872	0.765
1962	1	2	8.26	9.4	19.875	10.098	0.931	0.416
1962	1	3	9.31	1.7	19.931	10.106	0.168	0.467
1962	1	4	15.58	9.1	19.992	10.115	0.900	0.779
1962	1	5	14.60	8.7	20.056	10.125	0.859	0.728
1962	1	6	11.58	5.7	20.125	10.135	0.562	0.575
1962	1	7	0.81	0	20.198	10.146	0	0.040
1962	1	8	5.07	0.7	20.275	10.158	0.069	0.250
1962	1	9	14.62	9.1	20.355	10.170	0.895	0.718
1962	1	10	15.21	8.8	20.440	10.182	0.864	0.744

利用最小二乘法，建立地表太阳辐射经验公式(类似于实习一的气候倾向率计算，注意 x 为日照百分率，y 为地表太阳辐射/天文辐射)，得到方程为：$y=0.616x+0.118$，即 $a=0.118, b=0.616$(图 9-1)。

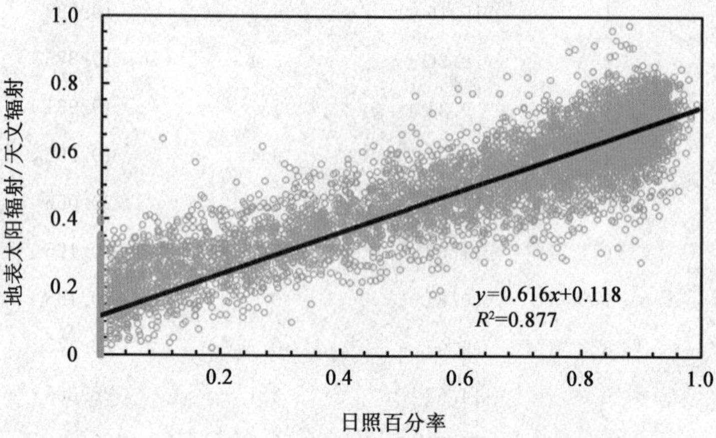

图 9-1 日起点日照百分率与地表太阳辐射/天文辐射散点图

以月起点计算：根据拟合模型数据集 D1 中逐日的地表太阳辐射、日照时数、天文辐射和可能最大日照时数数据，累积求和计算每年的月总地表太阳辐射、月总日照时数、月总天文辐射和月总可能最大日照时数，进而求算逐月的日照百分率和地表太阳辐射/天文辐射，如表 9-4 所示。

表 9-4 月起点拟合模型数据集逐月日照百分率和地表太阳辐射/天文辐射计算及结果(局部)

年	月	地表太阳辐射/(MJ·m⁻²)	日照时数/h	天文辐射(MJ·m⁻²)	可能最大日照时数/h	日照百分率	地表太阳辐射/天文辐射
1962	1	371.80	205.2	656.387	319.030	0.643	0.566
1962	2	358.81	184.9	718.100	306.469	0.603	0.500
1962	3	471.45	206.0	976.177	366.454	0.562	0.483
1962	4	460.40	186.3	1 103.316	382.693	0.487	0.417
1962	5	445.52	150.2	1 239.931	419.597	0.358	0.359
1962	6	386.81	138.6	1 233.635	417.583	0.332	0.314
1962	7	562.51	217.8	1 253.060	425.693	0.512	0.449
1962	8	665.56	266.7	1 170.720	404.640	0.659	0.569
1962	9	401.67	168.5	993.019	364.437	0.462	0.404
1962	10	357.21	169.7	843.300	347.658	0.488	0.424

利用最小二乘法，建立地表太阳辐射经验公式，得到方程为：$y=0.616x+0.117$，即 $a=0.117$，$b=0.616$（图 9-2）。

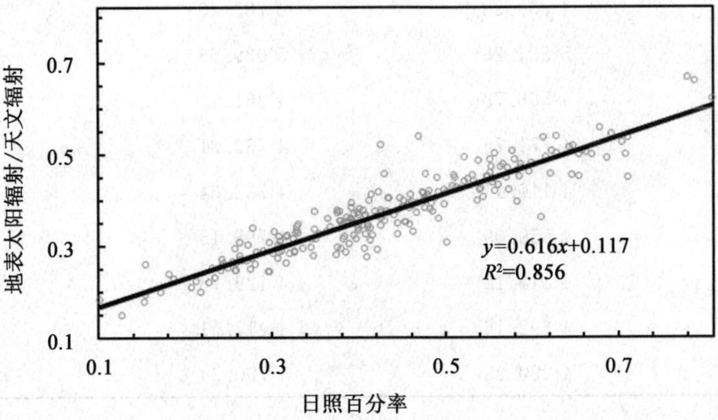

图 9-2 月起点日照百分率与地表太阳辐射/天文辐射散点图

步骤 4：模型检验。

以日起点拟合模型检验：根据检验模型数据集 D2 中逐日的天文辐射值 R_a、日照百分率 S，由公式 $R_s=R_a(a+bS)$ 可计算逐日的地表太阳辐射拟合值（$a=0.118$，$b=0.616$）。逐日累加得到每年的地表太阳总辐射，并计算相对误差，如表 9-5 所示。

表 9-5 日起点检验模型数据集年实测地表太阳辐射、拟合地表太阳总辐射及相对误差

年份	实测数据/（MJ·m^{-2}）	拟合数据/（MJ·m^{-2}）	相对误差/%
1964	4 856.98	4 787.21	1.44
1967	5 534.25	5 031.69	9.08
1970	4 566.73	4 363.40	4.45
1973	4 771.75	4 731.63	0.84
1976	4 110.11	4 723.64	14.93
1979	4 559.09	4 797.03	5.22
1982	4 318.12	4 129.68	4.36
1985	4 392.16	4 423.39	0.71
1988	4 220.23	4 785.59	13.40

以月起点拟合模型检验：同样的，根据检验模型数据集 D2 中逐日的日照时数、天文辐射和可能最大日照时数数据，累积求和计算每年的月总日照时数、月总天文辐射和月总可能最大日照时数，进而求算月日照百分率。由公式 $R_s=R_a(a+bS)$（$a=0.117$，$b=0.616$）可计算逐月的地表太阳辐射拟合值。逐月累加得到每年的地表太阳总辐射，并计算相对误差，如表 9-6 所示。由表可知，相对误差在 0.58%～15.15%，平均为 6.07%。

表 9-6 月起点检验模型数据集年实测地表太阳辐射、拟合地表太阳总辐射及相对误差

年份	实测数据/(MJ · m^{-2})	拟合数据/(MJ · m^{-2})	相对误差/%
1964	4 856.98	4 783.40	1.52
1967	5 534.25	5 039.63	8.94
1970	4 566.73	4 361.13	4.50
1973	4 771.75	4 732.21	0.83
1976	4 110.11	4 732.64	15.15
1979	4 559.09	4 798.15	5.24
1982	4 318.12	4 129.78	4.36
1985	4 392.16	4 417.51	0.58
1988	4 220.23	4 790.34	13.51

思考：对比日起点和月起点的结果，我们可以发现，在估算一个较长时间尺度（比如 1 年）的地表太阳辐射时，二者建立的经验模型效果几乎没有差别。那么在相对较短的时间尺度（比如季度或者月）是否有差别呢？读者可以按照计算方法去探索一下。

还需注意的一点是，日起点计算的模型不可用于逐日的地表太阳辐射估算。实际上，逐日太阳辐射的模拟一直是一个难点，目前文献中有些研究结合云量、地形、日较差等要素模拟计算，但尚无令人满意的结果。

2. MATLAB 编程实现

将数据存储在 Excel 文档中，第 1～6 列分别为年、月、日、地表太阳辐射（MJ · m^{-2}）、日照时数（h）和日序，数据至少为 3 年的数据。实习数据可通过扫描实习九后的资源下载码下载文件中的（9-1）。数据可放在任意路径下（即不提前设定数据存储路径），可以通过弹出的窗口进行选择文件。其他数据格式输入见实习一，此处不再赘述，直接提供完整代码，不再分步骤讲解。完整代码可通过扫描实习九后的资源下载码下载文件中的（9-2）。

```
clear %清空环境变量
clc  %清空窗口内容
pi=3.1415926;%圆周率 Pi
sten=4.903e-9;%斯蒂芬-玻尔兹曼常数
lat1=30.27;%纬度,根据具体地理位置修改
h=7.1;%海拔,根据具体地理位置修改
[filename filepath]=uigetfile('*.*','请选择文件');%filename 为文件名,filepath 为文件路径
if isequal(filename,0)
msgbox('您没有正确选择文件夹');
return;
end
Data=xlsread([filepath,filename]);%读取文件,并赋值给矩阵 Data
lat=lat1*pi/180;%纬度转化为弧度制
```

```
xu=Data(:,6);%日序
sun=Data(:,5);%日照时数
dr=1+0.033*cos(2*pi*xu/365);%地球轨道偏心率订正系数
s=0.409*sin(2*pi*xu/365-1.39);%太阳赤纬
ws=acos(-tan(lat)*tan(s));%日落时角
ra=24*60/pi*0.082*dr.*((ws*sin(lat).*sin(s))...
+cos(lat)*cos(s).*sin(ws));%天文辐射日总量Ra
suno=24*ws/pi;%可能最大日照时数
D=[Data(:,1:5),ra,suno];
D2=[];%检验模型数据集D2
D1=D;%拟合模型数据集D1
Year_name=unique(Data(:,1));%所有年份
for i=1:floor(length(Year_name)/3)
d2=D(find(D(:,1)==Year_name(i*3)),:);
D2=[D2;d2];
D1(find(D1(:,1)==Year_name(i*3)),:)=[];
end
D1(:,8)=D1(:,5)./D1(:,7);%逐日日照百分率
D1(:,9)=D1(:,4)./D1(:,6);%逐日地表太阳辐射/天文辐射
%---------日起点建模及检验-------------------------------------------
p=polyfit(D1(:,8),D1(:,9),1);%建模:日起点拟合方程,p(1)为拟合方程的回归系数b,p(2)为截距a
D2(:,8)=(p(1)*D2(:,5)./D2(:,7)+p(2)).*D2(:,6);%拟合逐日地表太阳辐射
Year_name_D2=unique(D2(:,1));%检验数据集年份
for i=1:length(Year_name_D2)
    D2_year(i,1)=sum(D2(find(D2(:,1)==Year_name_D2(i)),4));%实测年地表总太阳辐射
    D2_year(i,2)=sum(D2(find(D2(:,1)==Year_name_D2(i)),8));%拟合年地表总太阳辐射
end
RE_day=mean(abs((D2_year(:,2)-D2_year(:,1))./D2_year(:,1))*100);%日起点相对误差
%---------月起点建模及检验-------------------------------------------
Year_name_D1=unique(D1(:,1));%拟合数据集年份
D1_mon=[];%拟合数据月值
D2_mon=[];%检验数据月值
for i=1:length(Year_name_D1)
      mon_D1_year=[];
    D1_year=D1(find(D1(:,1)==Year_name_D1(i)),:);%拟合数据集中每一年的逐日数据
    mon_name_D1_year=unique(D1_year(:,2));%拟合数据集中每一年的月份
    for j=1:length(mon_name_D1_year)
        mon_D1_year(j,1)=Year_name_D1(i);
        mon_D1_year(j,2)=mon_name_D1_year(j);
        mon_D1_year(j,3:6)=sum(D1_year(find(D1_year(:,2)==mon_name_D1_year(j)),4:7));
%拟合数据集中每一年的逐月的数据
    end
    D1_mon=[D1_mon;mon_D1_year];%拟合数据集逐月数据
```

```
    end
    Year_name_D2_mon=unique(D2_mon(:,1));%检验数据集年份
    for i=1:length(Year_name_D2_mon)
            mon_D2_year=[];
        D2_mon_year=D2(find(D2(:,1)==Year_name_D2_mon(i)),:);%检验数据集中每一年的逐日数据
        mon_name_D2_mon_year=unique(D2_mon_year(:,2));%检验数据集中每一年的月份
        for j=1:length(mon_name_D2_mon_year)
            mon_D2_year(j,1)=Year_name_D2(i);
            mon_D2_year(j,2)=mon_name_D2_mon_year(j);
          mon_D2_year(j,3:6)=sum(D2_mon_year(find(D2_mon_year(:,2)==mon_name_D2_mon_
year(j)),4:7));
    %检验数据集中每一年的逐月的数据
        end
        D2_mon=[D2_mon;mon_D2_year];%检验数据集逐月数据
    end
    D1_mon(:,7)=D1_mon(:,4)./D1_mon(:,6);%逐月日照百分率
    D1_mon(:,8)=D1_mon(:,3)./D1_mon(:,5);%逐日地表太阳辐射/天文辐射
    p_mon=polyfit(D1_mon(:,7),D1_mon(:,8),1);
    %建模:月起点拟合方程,p_mon(1)为拟合方程的回归系数b,p_mon(2)为截距a
    D2_mon(:,7)=(p_mon(1)*D2_mon(:,4)./D2_mon(:,6)+p(2)).*D2_mon(:,5);%拟合逐月地表
太阳辐射
    for i=1:length(Year_name_D2_mon)
    D2_year_mon(i,1)=sum(D2_mon(find(D2_mon(:,1)==Year_name_D2_mon(i)),3));
    %实测年地表总太阳辐射
    D2_year_mon(i,2)=sum(D2_mon(find(D2_mon(:,1)==Year_name_D2_mon(i)),7));
    %拟合年地表总太阳辐射
    end
    RE_mon=mean(abs((D2_year_mon(:,2)-D2_year_mon(:,1))./D2_year_mon(:,1))*100);%月起点
相对误差
```

其中,日起点拟合方程的回归系数存储在p变量里,p(1)为拟合方程的回归系数b,p(2)为经验系数a,日起点模型检验的相对误差存储在RE_day里。月起点拟合方程的回归系数存储在p_mon变量里,p_mon (1)为拟合方程的回归系数b,p_mon (2)为经验系数a,月起点模型检验的相对误差存储在RE_mon里。其他相关变量亦可在相应的变量中查看,不再详述。

3. 地表辐射拟合模型软件实现

应用气候学实习-太阳总辐射气候学求算软件V1.0是基于MATLAB-GUI开发的一款专业的太阳总辐射计算软件。软件主要包括辐射统计量、拟合参数、查询、方法原理介绍和返回主界面模块,能够实现实习八和实习九的部分实习内容。

程序生成执行文件AC_Solar.EXE,无须安装。把执行文件AC_Solar.EXE复制到相应的目录下,双击该文件即出现如图9-3所示界面,主界面窗口可通过点击右上角的"—"最小化。

如暂时不进入系统处理数据,打算退出系统操作,点击右上角的"×"直接退出即可。

(1)辐射统计量实例示范

在主界面中,将鼠标光标移动到主菜单的"辐射统计量",出现如图9-4所示界面,可见该

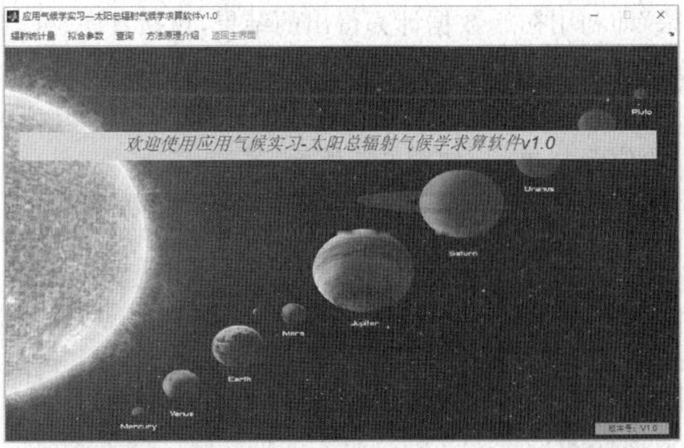

图 9-3　基于 MATLAB-GUI 的太阳总辐射气候学求算软件主界面

选项包括“输入数据”及“数据格式说明”两部分。

①输入数据。初始数据包括经纬度、地面气象站点的海拔高度、逐日日照时数等，存储在以 xls 为后缀的 Excel 文件中。将鼠标光标移到主菜单的“输入数据—xls(x)”格式并点击，选择初始数据后则出现如图 9-5 所示界面。

图 9-4　太阳总辐射气候学求算软件辐射统计量界面

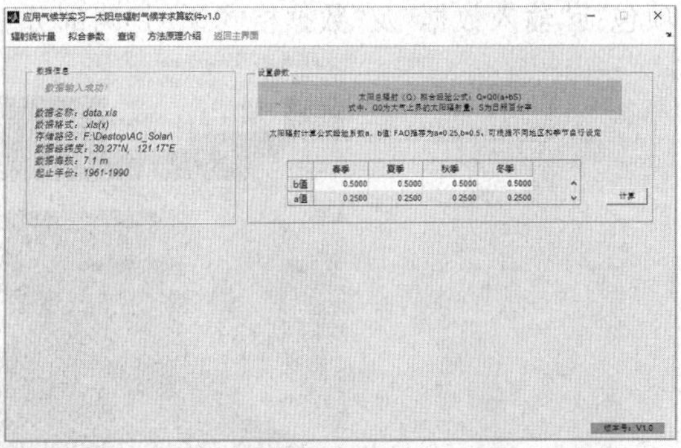

图 9-5　太阳总辐射气候学求算软件输入数据

在打开数据后的初始界面上，会显示 FAO 推荐的太阳总辐射经验系数 a，b 值（如图 9-5 界面中的“设置参数”板块），可以根据不同地区和季节自行更改数值设定，设置完毕点击右侧“计算”，则出现如图 9-6 所示界面。

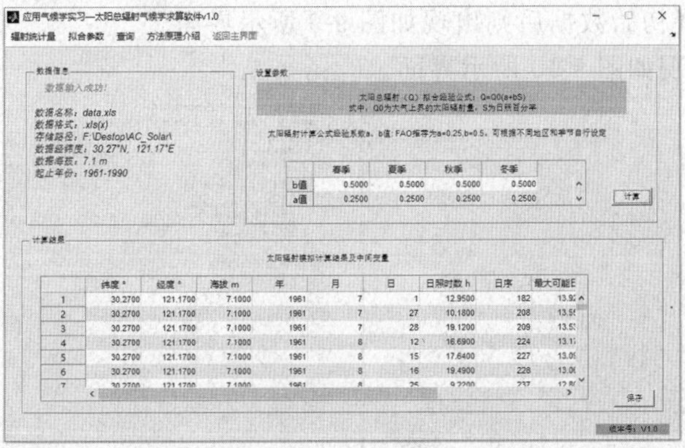

图 9-6　太阳总辐射气候学求算软件计算结果界面

图 9-6 中“计算结果”即利用初始数据计算得出的结果，包括日序、可能最大日照时数、天文辐射日总量、日照百分率及地表辐射，点击“保存”即可将以 xls 为后缀的 Excel 文档存储到指定路径。

②数据格式说明。数据格式说明以 Word 格式保存在 AC_Solar. EXE 执行文件的同一目录下，规定了输入数据的位置与单位，如图 9-7 所示。

图 9-7　太阳总辐射气候学求算软件数据格式说明

(2)拟合参数实例示范

在主界面中，将鼠标光标移动到主菜单的“拟合参数”，出现如图 9-8 所示界面，可见该选项包括“输入数据”及“数据格式说明”两部分。

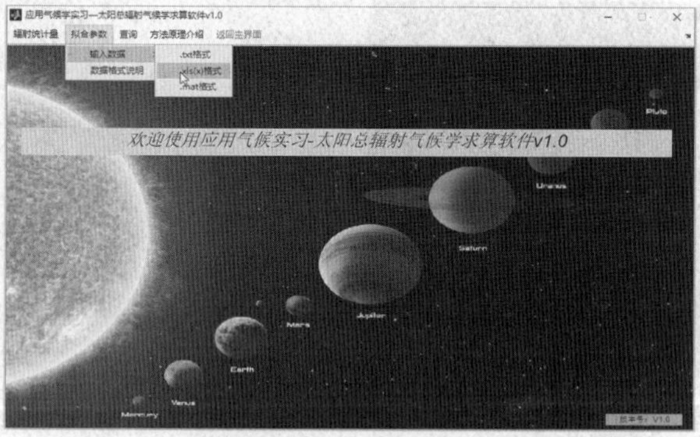

图 9-8　太阳总辐射气候学求算软件拟合参数界面

①输入数据。初始数据包括经纬度、地面气象站点的海拔高度、逐日实测太阳辐射及日照时数等数据，存储在以 xls 为后缀的 Excel 文件中。将鼠标光标移到主菜单的“输入数据—xls(x)格式”并点击，选择初始数据后则出现如图 9-9 所示界面。

点击“计算”则出现如图 9-10 所示界面。

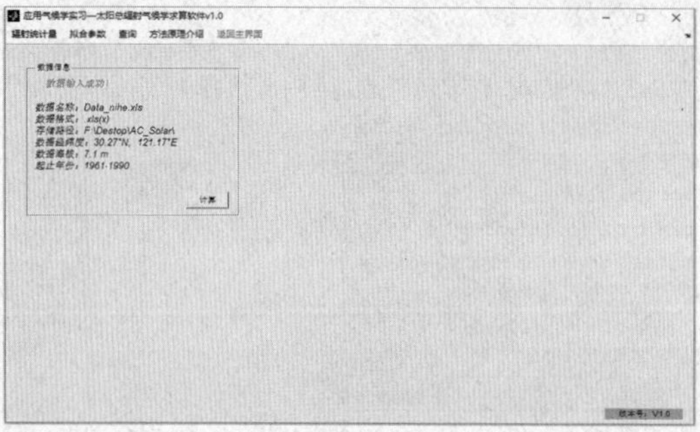

图 9-9　太阳总辐射气候学求算软件初始数据界面

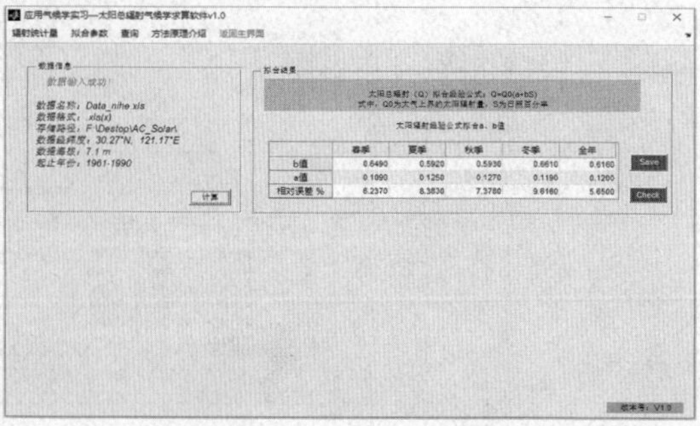

图 9-10　太阳总辐射气候学求算软件计算数据界面

右侧“拟合结果”即利用初始数据拟合得出的不同时间尺度的太阳总辐射经验系数 a，b 值及其相对误差，点击“Save”即可将以 xls 为后缀的 Excel 文档存储到指定路径。

点击“Check”则出现如图 9-11 所示界面。

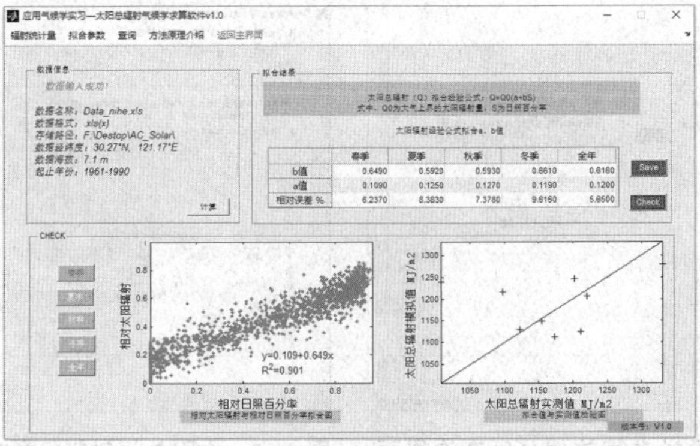

图 9-11　太阳总辐射气候学求算软件 CHECK 界面

“CHECK”板块将呈现出与不同时间段相对应的相对太阳辐射与相对日照百分率拟合图。

②数据格式说明。数据格式说明以 Word 格式保存在 AC_Solar. EXE 执行文件的同一目录下，规定了输入数据的位置与单位，如图 9-12 所示。

图 9-12　太阳总辐射气候学求算软件数据格式说明

(3)查询示范

在主界面中，将鼠标光标移动到主菜单的“查询”，出现如图 9-13 所示界面，可见该选项包括“分区查询”和“分省查询”两部分。

图 9-13　太阳总辐射气候学求算软件查询界面

①分区查询。点击“分区查询”则出现“分区结果”及“全国分区示意图”,如图 9-14 所示。

以Ⅰ区为例,选择需要查询的区域之后,点击“OK”,下方将显示该区域不同时间尺度的太阳总辐射经验系数 a,b 值,如图 9-15 所示。

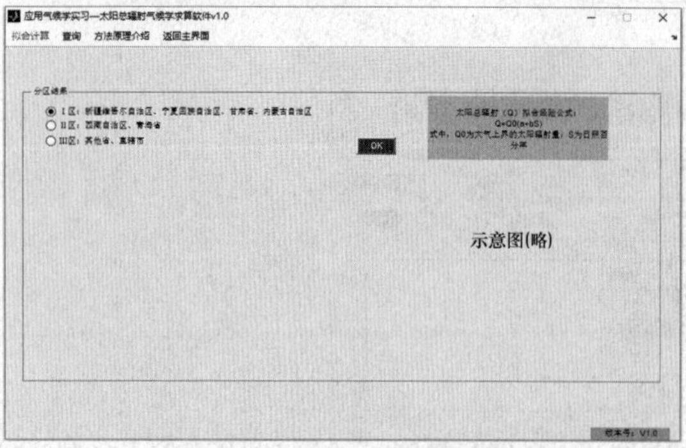

图 9-14　太阳总辐射气候学求算软件分区查询界面

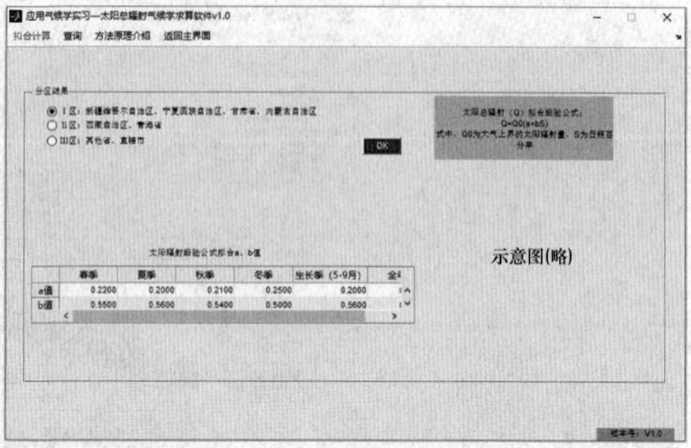

图 9-15　太阳总辐射气候学求算软件分区查询结果界面

②分省查询。点击“分省查询”则出现“分省结果”及“全国分省示意图”板块,如图 9-16 所示。

以新疆维吾尔自治区为例,选择需要查询的省(直辖市、自治区)之后,点击“OK”,下方将显示该省(直辖市、自治区)不同时间尺度的太阳总辐射经验系数 a,b 值,如图 9-17 所示。

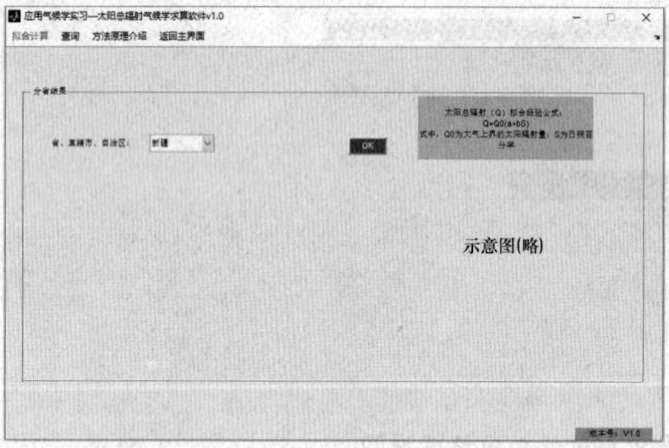

图 9-16　太阳总辐射气候学求算软件分省查询界面

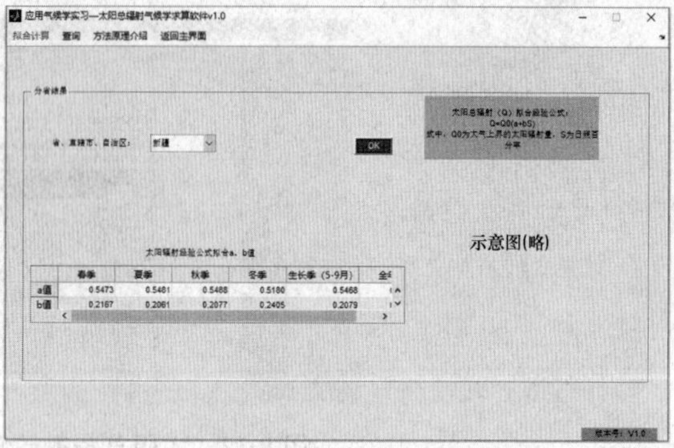

图 9-17　太阳总辐射气候学求算软件分省查询结果界面

五、实习作业

分别以日起点和月起点建立某地区(纬度 30.27°,海拔 7.1 m)春季(3 月—5 月)及 1 月份的地表太阳辐射模型,并对比两种方法的模拟精度。气象数据可通过扫描实习九后的资源下载码下载文件中的(9-1)。

实习九　资源下载码(9-1 至 9-2)

参考文献

[1] 和清华，谢云. 我国太阳总辐射气候学计算方法研究[J]. 自然资源学报，2010，25(02)：308-319.

[2] 鞠晓慧，屠其璞，李庆祥. 我国太阳总辐射气候学计算方法的再讨论[J]. 南京气象学院学报，2005，28(04)：516-521.

[3] 王晨亮，岳天祥，范泽孟. 中国太阳总辐射的气候学计算法研究[J]. 资源与生态学报：英文版，2014(02)：132-138.

[4] 赵军，李旺平，李飞. 黄土高原太阳总辐射气候学计算及特征分析[J]. 干旱区研究，2008(01)：53-58.

第四章　水资源分析方法

实习十　参考作物蒸散计算方法之一——FAO-PM 法

小引：潜在蒸散(potential evapotranspiration，PET)表示在一定气象条件下水分供应不受限制时，某一固定下垫面可能达到的最大蒸散量。参考作物蒸散(reference crop evapotranspiration)则是在潜在蒸散基础上对下垫面进一步限定：假定参考作物的高度为 12 cm，作物冠层阻力为常数且等于 70 $s \cdot m^{-1}$，地表反射率为 0.23 时，具有同一高度、水分适中、生长活跃和完全覆盖地表的绿草冠层的蒸散量。

通过计算蒸散能够得知作物需水量，认识农田水量平衡时空变异性的发生规律及控制性因素，从而能对其进行定量灌溉。全球气候变化背景下，准确估算蒸散量及其变化趋势，对理解水文循环规律以及科学管理流域水资源具有重要意义。

一、实习目的

理解参考作物蒸散的概念及研究意义，通过实际计算，掌握 FAO-PM 蒸散的计算方法。

二、实习内容

基于某气象站点 1961—2015 年逐日气象资料，分别用 Excel、MATLAB、专业软件等计算参考作物蒸散。

三、实习原理和计算方法

1948 年，Penman 建立了能量平衡和空气动力学联合蒸散方程；1973 年，Monteith 对 Penman 模型进行修正，得到 Penman-Monteith(P-M)模型；1998 年，FAO 提出简化的 P-M 修正公式(FAO-PM)。FAO-PM 公式以能量平衡方程和水汽扩散理论为基础，既考虑了作物的生理特征，又考虑了空气动力学参数的变化。经过几十年的理论研究和成功实践，该公式被公认为目前世界上应用最普遍、精度最高的公式之一。

FAO-PM 计算 ET_0 可由下式表示(FAO-PM，1998)：

$$ET_0 = \frac{0.408 \times \Delta(R_n - G) + \gamma \times 900 \times U_2 \times (e_s - e_a)/(T_{mean} + 273)}{\Delta + \gamma \times (1 + 0.34 \times U_2)} \tag{10-1}$$

式中：ET_0 为参考作物蒸散(mm)；Δ 为水汽压-温度曲线的斜率($kPa \cdot ℃^{-1}$)；G 为土壤热通量($MJ \cdot m^{-2} \cdot d^{-1}$)，在逐日计算公式中，$G \approx 0$；$\Delta R_n$ 为作物表面的净辐射($MJ \cdot m^{-2}$)；T_{mean} 为 2 m 高度处日平均温度(℃)；U_2 为 2 m 高度处风速；e_s 为饱和水汽压(kPa)；e_a 为实际水汽压(kPa)；γ 为干湿球常数($kPa \cdot ℃^{-1}$)。

P-M 模型的缺点是需要详细的气象资料，而大多数地区难以提供这些完整的资料。

需要输入的实测数据有：日最高气温(℃)；日最低气温(℃)；日平均气温(℃)；实际日照时数(h)；海拔(m)；10 m 高度处的风速($m \cdot s^{-1}$)；纬度(°)；相对湿度(%)；大气压(Pa)。其中，日平均气温(℃)和大气压(Pa)若缺测，可用其余量近似计算。

四、实习方法和步骤

计算北京密云(纬度 39.8°，海拔 71.8 m)1961 年逐日参考作物蒸散，实习数据可通过扫描实习十后的资源下载码下载文件中的(10-1)。下文仅以 1961 年 1 月 1 日—10 日地面气象观测数据序列(表 10-1)演示计算过程，其余数据不做展示。

表 10-1　密云站 1961 年 1 月地面气象观测数据(局部)

年	月	日	平均温度/℃	最高温度/℃	最低温度/℃	相对湿度/%	风速/($m \cdot s^{-1}$)	日照时数/h	大气压/10Pa
1961	1	1	−8.6	0.7	−14.7	41	2.0	7.7	10 176
1961	1	2	−6.7	1.7	−12.9	45	1.0	6.4	10 113
1961	1	3	−5.2	1.2	−8.9	20	3.3	7.5	10 182
1961	1	4	−9.8	−1.2	−16.7	32	2.0	7.9	10 238
1961	1	5	−6.3	−3.2	−11.9	21	4.7	6.9	10 249
1961	1	6	−8.7	−0.7	−16.6	32	1.7	7.7	10 202
1961	1	7	−6.5	3.5	−14.2	38	2.3	7.5	10 130
1961	1	8	−6.3	2.5	−13.0	32	2.7	5.7	10 110
1961	1	9	−6.2	1.5	−13.0	48	2.7	3.8	10 189
1961	1	10	−9.9	−5.4	−13.7	18	3.0	7.4	10 319

1. Excel 实现

步骤 1：计算水汽压-温度曲线的斜率 Δ 值($kPa \cdot ℃^{-1}$)。

$$\Delta = \frac{4\ 098 \times 0.610\ 8 e^{\frac{17.27T}{T+237.3}}}{(T + 237.3)^2} \tag{10-2}$$

式中：T 为日平均温度(℃)。在相应的单元格输入公式进行计算，如表 10-2 所示，下同。

注：若实测数据中没有日平均温度，可以用日最高温度和日最低温度平均近似计算。

步骤 2：计算饱和水汽压 e_s(kPa)及实际水汽压 e_a(kPa)。

$$e^0(T)=0.6108e^{\frac{17.27T}{T+237.3}}$$

$$e_s=\frac{e^0(T_{max})+e^0(T_{min})}{2} \tag{10-3}$$

$$e_a=e_s\times R_h/100$$

式中：T_{max}、T_{min} 分别为一天中最高、最低温度(℃)；R_h 为相对湿度(%)。

步骤 3：计算干湿球常数 γ(kPa·℃$^{-1}$)。

$$\gamma=\frac{C_p\cdot P}{\lambda\cdot\varepsilon}=0.000665P \tag{10-4}$$

式中：C_p 为空气的定压比(MJ·kg^{-1}·℃$^{-1}$)，约为 1.013×10^{-3} MJ·kg^{-1}·℃$^{-1}$；P 为大气压(kPa)；λ 为水的汽化潜热(MJ·kg^{-1})，为 2.45 MJ·kg^{-1}；ε 为水与空气的分子量之比，约为 0.622。

注意：此处大气压单位为 kPa，表 10-1 中大气压单位为 10 Pa。

若实测数据中没有大气压实测值，可以用海拔高度近似计算：

$$P=101.3\left(\frac{293-0.0065H}{293}\right)^{5.26} \tag{10-5}$$

式中：P 为大气压(kPa)；H 为海拔高度(m)。

步骤 4：计算天文辐射日总量 R_a(MJ·m^{-2}·d^{-1})。

$$R_a=I_0d_m^2\frac{T}{\pi}(\omega_0\sin\varphi\sin\delta+\cos\varphi\cos\varphi\sin\omega_0)$$

$$d_m^2=1+1.033\cos\left(\frac{2\pi}{365}J\right)$$

$$\delta=0.409\sin\left(\frac{2\pi}{365}J-1.39\right) \tag{10-6}$$

$$\omega_0=\arccos(-\tan\varphi\cdot\tan\delta)$$

$$\delta=0.409\sin\left(\frac{2\pi}{365}J-1.39\right)$$

式中：d_m^2 为地球轨道偏心率订正系数；J 为日序数；$T=24\times60$(min)；I_0 为太阳常数；ω_0 为日落时角(rad)；φ 为当地纬度(rad)；δ 为太阳赤纬(rad)。

此处需注意，当地纬度需由角度制换算为弧度制(rad)：弧度数＝角度数×π/180。

步骤5：计算地表太阳辐射 R_s(MJ·m^{-2}·d^{-1})。

$$R_s = R_a\left(a + b\frac{n}{N}\right) \tag{10-7}$$

$$N = \frac{24}{\pi}\omega_0$$

式中：a 为阴天短波辐射通量与大气外层太阳辐射通量的比例；b 为晴天短波辐射通量与大气外层太阳辐射通量的比例，本实习取 FAO-PM 推荐系数 $a=0.25$，$b=0.5$；n 为实际日照时数(h)；N 为可能最大日照时数(h)。

步骤6：计算地表净辐射 R_n(MJ·m^{-2}·d^{-1})。

$$R_n = R_{ns} - R_{nl} \tag{10-8}$$

式中：R_{ns} 为地表净短波辐射(MJ·m^{-2}·d^{-1})；R_{nl} 为地表净长波辐射(MJ·m^{-2}·d^{-1})。

$$R_{ns} = (1-\alpha)R_s \tag{10-9}$$

式中：α 为反照率，取值0.23。

$$R_{nl} = \sigma\left(\frac{T_{maxK}^4 + T_{minK}^4}{2}\right)(0.34 - 0.14\sqrt{e_a})\left(1.35\frac{R_s}{R_{so}} - 0.35\right)$$

$$R_{so} = (0.75 + 2\times10^{-5}H)R_a \tag{10-10}$$

式中：σ 为斯蒂芬-玻尔兹曼常数，其值为 4.903×10^{-9} MJ·K^{-4}·m^{-2}·d^{-1}；T_{maxK}、T_{minK} 分别为一天中绝对最高、最低温度(K)；R_s/R_{so} 为相对短波辐射率；R_s 为地表太阳辐射(MJ·m^{-2}·d^{-1})；R_{so} 为晴空太阳辐射(MJ·m^{-2}·d^{-1})；H 为海拔高度(m)；e_a 为实际水汽压(kPa)。

步骤7：计算2 m高度处风速(m·s^{-1})。

$$U_2 = U_z\frac{4.87}{\ln(67.8z - 5.42)} \tag{10-11}$$

式中：U_z 为 z m处的风速(m·s^{-1})；$z=10$ m。

步骤8：计算日参考蒸散 ET_0(mm)。

$$ET_0 = \frac{0.408\Delta(R_n - G) + \gamma\frac{900}{T+273}U_2(e_s - e_a)}{\Delta + \gamma(1 + 0.34U_2)} \tag{10-12}$$

表 10-2 密云站 1961 年参考作物蒸散计算过程及结果(各变量单位参照步骤 1～8)

J	Δ/(kPa·℃$^{-1}$)	$e^0(T_{max})$/kPa	$e^0(T_{min})$/kPa	e_s/kPa	e_a/kPa	γ/(kPa·℃$^{-1}$)	d_m^2	δ/rad	ω_0/rad
1	0.025	0.643	0.195	0.419	0.172	0.068	1.033	−0.401	1.210
2	0.028	0.691	0.226	0.458	0.206	0.067	1.033	−0.400	1.211
3	0.032	0.666	0.312	0.489	0.098	0.068	1.033	−0.398	1.213
4	0.023	0.559	0.165	0.362	0.116	0.068	1.033	−0.396	1.215
5	0.029	0.482	0.245	0.364	0.076	0.068	1.033	−0.395	1.217
6	0.025	0.580	0.167	0.374	0.120	0.068	1.033	−0.393	1.219
7	0.029	0.785	0.203	0.494	0.188	0.067	1.033	−0.391	1.221
8	0.029	0.731	0.224	0.478	0.153	0.067	1.033	−0.388	1.223
9	0.029	0.681	0.224	0.453	0.217	0.068	1.033	−0.386	1.225
10	0.023	0.409	0.212	0.310	0.056	0.069	1.033	−0.384	1.228

J	R_a/(MJ·m^{-2}·d^{-1})	N/h	R_s/(MJ·m^{-2}·d^{-1})	R_{so}/(MJ·m^{-2}·d^{-1})	R_{ns}/(MJ·m^{-2}·d^{-1})	R_{nl}/(MJ·m^{-2}·d^{-1})	R_n/(MJ·m^{-2}·d^{-1})	U_2/(M·s^{-1})	ET_0/mm
1	13.956	9.242	9.303	10.487	7.163	5.910	1.253	1.496	0.771
2	14.012	9.253	8.348	10.529	6.428	5.026	1.402	0.748	0.524
3	14.072	9.266	9.213	10.574	7.094	6.326	0.768	2.468	1.471
4	14.136	9.279	9.552	10.622	7.355	6.065	1.290	1.496	0.779
5	14.205	9.294	8.825	10.674	6.795	5.642	1.153	3.515	1.376
6	14.278	9.309	9.475	10.729	7.296	5.926	1.370	1.272	0.725
7	14.356	9.325	9.362	10.788	7.209	5.826	1.383	1.720	1.004
8	14.438	9.342	8.014	10.849	6.171	4.687	1.484	2.019	1.168
9	14.525	9.360	6.580	10.914	5.066	3.209	1.857	2.019	0.911
10	14.616	9.379	9.420	10.983	7.253	5.879	1.374	2.244	1.021

2. MATLAB 编程实现

将数据存储在 Excel 文档中，第 1～10 列分别为年、月、日、平均温度(℃)、最高温度(℃)、最低温度(℃)、相对湿度(%)、风速(m·s^{-1})、日照时数(h)、大气压(10 Pa)[实习数据可通过扫描实习十后的资源下载码下载文件中的(10-1)]，数据须为一整年的数据。数据可放在任意路径下(即不提前设定数据存储路径)，可以通过弹出的窗口进行选择文件[其他数据格式输入见实习一，此处不再赘述，直接提供完整代码，不再分步骤讲解，完整代码可通过扫描实习十后的资源下载码下载文件中的(10-2)]。

```
clear %清空环境变量
clc  %清空窗口内容
pi=3.1415926;%圆周率 Pi
sten=4.903e-9;%斯蒂芬-玻尔兹曼常数
lat1=39.8;%纬度,根据具体地理位置修改
h=71.8;%海拔,根据具体地理位置修改
[filename filepath]=uigetfile('*.*','请选择文件');%filename 为文件名,filepath 为文件路径
if isequal(filename,0)
msgbox('您没有正确选择文件夹');
    return;
end
Data=xlsread([filepath,filename]);%读取文件,并赋值给矩阵 Data
xu=1:length(Data);%日序
lat=lat1*pi/180;%纬度转化为弧度制
tmax=Data(:,5);%日最高温度
tmin=Data(:,6);%日最低温度
taver=Data(:,4);%日平均温度
rh=Data(:,7);%相对湿度
wind=Data(:,8);%10 米处风速
wind=wind*4.87/log(67-5.42);%2 米处风速
sun=Data(:,9);%日照时数
p=Data(:,10)/100;%大气压
r=p*0.000665;%干湿球常数
v=4098*(0.6108*exp(17.27*taver./(237.3+taver)))./(taver+237.3)...
  ./(taver+237.3);%水汽压-温度曲线的斜率 D 值
es=0.6108*exp(17.27*tmin./(237.3+tmin))*0.5+...
  0.6108*exp(17.27*tmax./(237.3+tmax))*0.5;%饱和水汽压 es
eal=es.*rh/100;%实际水汽压 ea
dr=1+0.033*cos(2*pi*xu'/365);%地球轨道偏心率订正系数
s=0.409*sin(2*pi*xu'/365-1.39);%太阳赤纬
ws=acos(-tan(lat)*tan(s));%日落时角
ra=24*60/pi*0.082*dr.*((ws*sin(lat).*sin(s))...
    +cos(lat)*cos(s).*sin(ws));%天文辐射日总量 Ra
rso=(0.75+0.00002*h)*ra;%晴空太阳辐射
suno=24*ws/pi;%可能最大日照时数
rs=(0.25+0.5*sun./suno).*ra;%地表太阳辐射
rns=0.77*rs;%地表净短波辐射
rnl=sten*0.5*((tmax+273.16).^4+(tmin+273.16).^4).*(0.34-0.14*sqrt(eal))...
  .*(1.35*rs./rso-0.35);%Rnl 为地表净长波辐射
rn=rns-rnl;%地表净辐射
ET=(0.408*v.*rn+r*900.*wind./(taver+273).*(es-eal))./...
  (v+r.*(1+0.34*wind));%日参考作物蒸散 ET0
```

结果数据在ET的数组中,可根据注释查询中间过程变量。

五、实习作业

采用FAO-PM方法计算北京密云1961—2015年的年参考作物蒸散量,并分析其趋势变化情况。气象数据可通过扫描实习十后的资源下载码下载文件中的(10-3)。

实习十 资源下载码(10-1至10-3)

参考文献

[1] 杜尧东,刘作新,张运福. 参考作物蒸散计算方法及其评价[J]. 河南农业大学学报,2001,35(01):57-61.

[2] 张方敏,申双和. 我国参考作物蒸散的空间分布和时间趋势[J]. 南京气象学院学报,2007,30(05):705-709.

[3] 梁丽乔,闫敏华,邓伟,等. 松嫩平原西部参考作物蒸散量变化过程[J]. 地理科学进展,2006,25(03):22-31.

[4] ALLEN R,PEREIRA L,RAES D,et al. Crop Evapotranpiration: Guidelines for Computing Crop Water Requirements,FAO Irrigation and Drainage Paper 56[J]. FAO,1998,56.

实习十一 参考作物蒸散计算方法之二——温度估算法、辐射估算法

小引：FAO 推荐的潜在蒸散标准估算方法是 Penman-Monteith(P-M)公式，但是 P-M 公式需要气温、日照时数、相对湿度、风速等诸多气象资料，而某些地区的气象资料无法满足，这就限制了 P-M 公式的使用，因此需要其他简单且对气象资料要求较低的研究方法来代替 P-M 公式。

总结而言，目前经验公式估算潜在蒸散量的方法大致可以分为 3 类，即温度估算法、辐射估算法和综合估算法。在不同的气候区，这些方法具有各自不同的适用性及精度，选择适当的方法是准确估算蒸散量的重要前提条件。

本次实习对温度估算法及辐射估算法进行演示，以满足不同地区的需要。

一、实习目的

掌握运用温度及辐射估算潜在蒸散的方法。

二、实习内容

基于某气象站点 1961—2015 年各年详细的气象资料，基于温度估算法、辐射估算法，分别用 Excel、MATLAB、专业软件等计算潜在蒸散。

三、实习原理和计算方法

1. 温度估算法

温度估算法是一种仅依赖气温的方法，对于估计 ET_0 而言，温度估算法是最早被提出的。现在比较有影响的温度估算法包括 Hargreaves and Samani 法、Thornthwaite 法和 Mc Cloud 法。

(1) Hargreaves and Samani 法（简称 HS 法）

该方法是在美国西北部较干旱的气候条件下建立的，它仅需要月最高、最低气温，基本公式为：

$$ET_{0HS}=0.0023\frac{R_a}{\lambda}\sqrt{T_{max}-T_{min}}(T+17.8) \tag{11-1}$$

式中：ET_{0HS} 为 HS 法计算的 ET_0 值（$mm\cdot d^{-1}$）；R_a 为大气层顶辐射（$MJ\cdot m^{-2}\cdot d^{-1}$）；$\lambda$ 为水汽化潜热，$\lambda=2.45\ MJ\cdot kg^{-1}$；$T_{max}$、$T_{min}$ 为最高、最低气温（℃）；T 为日平均气温（℃）。

(2) Thornthwaite 法（简称 TW 法）

该方法最初基于美国中东部地区的试验数据而提出，它仅需要月平均气温，视 ET_0 为温

度的幂函数，提出时假设干湿空气没有平流，且潜热与显热之比为常数。由于有些地方冬季温度经常低于 0℃，引进有效温度对原公式改进后得到如下公式：

$$ET_{0TW}=\begin{cases}16C\left(\dfrac{10T_{ef}}{I}\right)^{a}, 0\leqslant T\leqslant 26.5℃\\ C(-415.85+32.24T_{ef}-0.43T_{ef}^{2}), T>26.5℃\end{cases} \tag{11-2}$$

$$a=0.49+0.0179I-0.0000771I^{2}+0.000000675I^{3}$$

$$C=\frac{N}{360}$$

$$I=\sum_{i=1}^{12}\left(\frac{T_i}{5}\right)^{1.514}$$

式中：ET_{0TW} 为改进 TW 法计算的 ET_0 值（$mm \cdot d^{-1}$）；C 为将计算时段由月转换为日，N 为月总日照时数；I 为热量指数；T_{ef} 为有效温度（℃）；T_i 为月平均温度（℃）。

（3）Mc Cloud 法（简称 MC 法）

该公式基于日平均温度，视 ET_0 为温度的指数函数，最初用于估算草坪草的潜在蒸发量，将原来公式的各变量单位换算为国际制，得到如下公式：

$$ET_{0MC}=K\times W^{1.8T} \tag{11-3}$$

式中：ET_{0MC} 为 MC 法计算的 ET_0 值（$mm \cdot d^{-1}$）；$K=0.254$；$W=1.07$；其他符号同前。

2. 辐射估算法

该方法主要是以能量平衡的原理来推估潜在蒸发量，本文介绍 Makkink 法、Priestley and Taylor 法和 Hargreaves 法。

（1）Makkink 法（简称 MK 法）

Makkink 于荷兰寒冷气候条件下推导出草原地区的潜在蒸发量公式：

$$ET_{0MK}=0.7\frac{\Delta}{\Delta+\gamma}\frac{R_s}{\lambda} \tag{11-4}$$

式中：ET_{0MK} 为 MK 法计算的 ET_0 值（$mm \cdot d^{-1}$）；R_s 为总短波辐射量（$MJ \cdot m^{-2} \cdot d^{-1}$）；其他符号同前。

（2）Priestley and Taylor 法（简称 PT 法）

Priestley and Taylor（1972）提出简化 Penman（1948）首先提出的以空气动力学和能量平衡联立的综合法，结合本地区的情况对 Penman 公式做些修正，其简化公式如下：

$$ET_{0PT}=\alpha\frac{\Delta}{\Delta+\gamma}\frac{R_n}{\lambda} \tag{11-5}$$

式中：ET_{0PT} 为 PT 法计算的 ET_0 值（$mm \cdot d^{-1}$）；α 为 Priestley-Taylor 系数，本文取值 1.26；其他符号同前。

(3) Hargreaves 法(简称 HG 法)

Hargreaves and Samani 曾提出许多估算潜在蒸发量的经验公式,下式是 Hargreaves 于美国加州地区利用入渗仪推导的潜在蒸发经验式:

$$ET_{0HG}=0.0135(T+17.8)\frac{R_s}{\lambda} \tag{11-6}$$

式中:ET_{0HG} 为 HG 法计算的 ET_0 值($mm \cdot d^{-1}$);其他符号同前。

四、实习方法和步骤

以往关于潜在蒸散量经验公式比较的研究可得,温度估算法中以 Hargreaves and Samani 法最优,辐射估算法中以 Hargreaves 法最优,因此本次实习以 Hargreaves and Samani 法及 Hargreaves 法的计算过程进行演示。

(一) Hargreaves and Samani 法

计算北京密云(纬度 39.8°,海拔 71.8 m)1961 年逐日潜在蒸散,实习数据可通过扫描实习十一后的资源下载码下载文件中的(11-1)。下文仅以 1961 年 1 月 1 日—10 日地面气象观测数据序列(表 11-1)演示计算过程,其余数据不做展示。

表 11-1 密云站 1961 年 1 月地面气象观测数据(局部)

年	月	日	日序	平均温度/℃	最高温度/℃	最低温度/℃
1961	1	1	1	−8.6	0.7	−14.7
1961	1	2	2	−6.7	1.7	−12.9
1961	1	3	3	−5.2	1.2	−8.9
1961	1	4	4	−9.8	−1.2	−16.7
1961	1	5	5	−6.3	−3.2	−11.9
1961	1	6	6	−8.7	−0.7	−16.6
1961	1	7	7	−6.5	3.5	−14.2
1961	1	8	8	−6.3	2.5	−13.0
1961	1	9	9	−6.2	1.5	−13.0
1961	1	10	10	−9.9	−5.4	−13.7

1. Excel 实现

步骤 1:计算天文辐射日总量 R_a($MJ \cdot m^{-2} \cdot d^{-1}$),如表 11-2 所示。

表 11-2 密云站 1961 年参考作物蒸散计算过程及结果(HS 法)

d_m^2	δ/rad	w_0/rad	R_a/(MJ · M^{-2} · d^{-1})	$\sqrt{T_{max}-T_{min}}$	ET_{0HS}/(mm · d^{-1})
1.033	−0.401	1.210	13.956	3.924	0.473
1.033	−0.400	1.211	14.012	3.821	0.558
1.033	−0.398	1.213	14.072	3.178	0.529
1.033	−0.396	1.215	14.136	3.937	0.418
1.033	−0.395	1.217	14.205	2.950	0.452
1.033	−0.393	1.219	14.278	3.987	0.486
1.033	−0.391	1.221	14.356	4.207	0.641
1.033	−0.388	1.223	14.438	3.937	0.614
1.033	−0.386	1.225	14.525	3.808	0.602
1.033	−0.384	1.228	14.616	2.881	0.312

$$R_a = I_0 d_m^2 \frac{T}{\pi}(w_0 \sin\varphi \sin\delta + \cos\varphi \cos\varphi \sin w_0) \tag{11-7}$$

$$d_m^2 = 1 + 1.033\cos\left(\frac{2\pi}{365}J\right)$$

$$\delta = 0.409\sin\left(\frac{2\pi}{365}J - 1.39\right)$$

$$w_0 = \arccos(-\tan\varphi \cdot \tan\delta)$$

$$\delta = 0.409\sin\left(\frac{2\pi}{365}J - 1.39\right)$$

式中：d_m^2 为地球轨道偏心率订正系数；J 为日序数；$T=24\times60$(min)；I_0 为太阳常数；w_0 为日落时角(rad)；φ 为当地纬度(rad)；δ 为太阳赤纬(rad)。

本次实习与实习七相同，当地纬度均需由角度制换算为弧度制(rad)：弧度数＝角度数×π/180。

步骤 2：计算逐日潜在蒸散：

$$ET_{0HS} = 0.0023\frac{R_a}{\lambda}\sqrt{T_{max} - T_{min}}(T + 17.8) \tag{11-8}$$

式中：ET_{0HS} 为 HS 法计算的 ET_0 值(mm · d^{-1})；R_a 为大气层顶辐射(MJ · m^{-2} · d^{-1})；λ 为水汽化潜热，$\lambda=2.45$ MJ · kg^{-1}；T_{max}、T_{min} 为最高、最低温度(℃)；T 为日平均温度(℃)。

注：若实测数据中没有日平均温度，可以用日最高温度和日最低温度平均近似计算。

2. MATLAB 编程实现

将数据存储在 Excel 文档中，第 1～6 列分别为年、月、日、平均温度(℃)、最高温度(℃)、最低温度(℃)，数据须为一整年的数据。数据可放在任意路径下(即不提前设定数据存储路径)，可以通过弹出的窗口进行选择文件(其他数据格式输入见实习一，此处不再赘述，直接提供完整代码，不再分步骤讲解)。完整代码可通过扫描实习十一后的资源下载码下载文件中的(11-2)。

```
clear %清空环境变量
clc  %清空窗口内容
pi=3.1415926;%圆周率 Pi
sten=4.903e-9;%斯蒂芬-玻尔兹曼常数
lat1=39.8;%纬度,根据具体地理位置修改
h=71.8;%海拔,根据具体地理位置修改
[filename filepath]=uigetfile('*.*','请选择文件');%filename 为文件名,filepath 为文件路径
if isequal(filename,0)
msgbox('您没有正确选择文件夹');
    return;
end
Data=xlsread([filepath,filename]);%读取文件,并赋值给矩阵 Data
xu=1:length(Data);%日序
lat=lat1*pi/180;%纬度转化为弧度制
tmax=Data(:,5);%日最高温度
tmin=Data(:,6);%日最低温度
taver=Data(:,4);%日平均温度
dr=1+0.033*cos(2*pi*xu'/365);%地球轨道偏心率订正系数
s=0.409*sin(2*pi*xu'/365-1.39);%太阳赤纬
ws=acos(-tan(lat)*tan(s));%日落时角
ra=24*60/pi*0.082*dr.*((ws*sin(lat).*sin(s))...
    +cos(lat)*cos(s).*sin(ws));%天文辐射日总量 Ra
ET=0.0023*ra/2.45.*(tmax-tmin).^0.5.*(taver+17.8);
```

结果数据在 ET 的数组中，可根据注释查询中间过程变量。

(二)Hargreaves 法

为了读者便于比较两种方法计算的差异，同样以北京密云 1961 年 1 月 1 日—10 日地面气象观测数据序列(表 11-3)为例演示计算过程(表 11-4)，其余数据不做展示，实习数据可通过扫描实习十一后的资源下载码下载文件中的(11-3)。

表 11-3 密云站 1961 年 1 月地面气象观测数据(局部)

年	月	日	日序	平均温度/℃	日照时数/h
1961	1	1	1	－8.6	7.7
1961	1	2	2	－6.7	6.4
1961	1	3	3	－5.2	7.5
1961	1	4	4	－9.8	7.9
1961	1	5	5	－6.3	6.9
1961	1	6	6	－8.7	7.7
1961	1	7	7	－6.5	7.5
1961	1	8	8	－6.3	5.7
1961	1	9	9	－6.2	3.8
1961	1	10	10	－9.9	7.4

1. Excel 实现

步骤 1:计算天文辐射日总量:

$$R_a = I_0 d_m^2 \frac{T}{\pi}(w_0 \sin\varphi \sin\delta + \cos\varphi \cos\varphi \sin w_0) \tag{11-9}$$

$$d_m^2 = 1 + 1.033\cos\left(\frac{2\pi}{365}J\right)$$

$$\delta = 0.409\sin\left(\frac{2\pi}{365}J - 1.39\right)$$

$$w_0 = \arccos(-\tan\varphi \cdot \tan\delta)$$

$$\delta = 0.409\sin\left(\frac{2\pi}{365}J - 1.39\right)$$

式中:R_a 为大气层顶辐射(MJ · m^{-2} · d^{-1});d_m^2 为地球轨道偏心率订正系数;J 为日序数;T=24×60(min);I_0 为太阳常数;w_0 为日落时角(rad);φ 为当地纬度(rad);δ 为太阳赤纬(rad)。

步骤 2:计算地表太阳辐射 R_s(MJ · m^{-2} · d^{-1}):

$$R_s = R_a\left(a + b\frac{n}{N}\right)$$

$$N = \frac{24}{\pi}w_0 \tag{11-10}$$

式中:a 为阴天短波辐射通量与大气外层太阳辐射通量的比例;b 为晴天短波辐射通量与大气外层太阳辐射通量的比例,本实习取 FAO-PM 推荐系数 a=0.25,b=0.5;n 为实际日照时数(h);N 为可能最大日照时数(h)。

步骤 3：计算逐日潜在蒸散 ET_{0HG}（mm）：

$$ET_{0HG}=0.0135(T+17.8)\frac{R_s}{\lambda} \tag{11-11}$$

式中：ET_{0HG} 为 HG 法计算的 ET_0 值（$mm \cdot d^{-1}$）；T 为日平均温度（℃）；其他符号同前。

表 11-4　密云站 1961 年参考作物蒸散计算过程及结果（HG 法）

d_m^2	δ/rad	w_0/rad	R_a/($MJ \cdot m^{-2} \cdot d^{-1}$)	N/h	R_s/($MJ \cdot m^{-2} \cdot d^{-1}$)	ET_{0HG}/($mm \cdot d^{-1}$)
1.033	−0.401	1.210	13.956	9.242	9.303	0.472
1.033	−0.400	1.211	14.012	9.253	8.348	0.511
1.033	−0.398	1.213	14.072	9.266	9.213	0.640
1.033	−0.396	1.215	14.136	9.279	9.552	0.421
1.033	−0.395	1.217	14.205	9.294	8.825	0.559
1.033	−0.393	1.219	14.278	9.309	9.475	0.475
1.033	−0.391	1.221	14.356	9.325	9.362	0.583
1.033	−0.388	1.223	14.438	9.342	8.014	0.508
1.033	−0.386	1.225	14.525	9.360	6.580	0.421
1.033	−0.384	1.228	14.616	9.379	9.420	0.410

2. MARLAB 编程实现

将数据存储在 Excel 文档中，第 1～5 列分别为年、月、日、平均温度（℃）、日照时数（h），数据须为一整年的数据。数据可放在任意路径下（即不提前设定数据存储路径），可以通过弹出的窗口进行选择文件（其他数据格式输入见实习一，此处不再赘述，直接提供完整代码，不再分步骤讲解）。完整代码可通过扫描实习十一后的资源下载码下载文件中的（11-4）。

```
clear %清空环境变量
clc  %清空窗口内容
pi=3.1415926;%圆周率 Pi
sten=4.903e-9;%斯蒂芬-玻尔兹曼常数
lat1=39.8;%纬度,根据具体地理位置修改
h=71.8;%海拔,根据具体地理位置修改
[filename filepath]=uigetfile('*.*','请选择文件');%filename 为文件名,filepath 为文件路径
if isequal(filename,0)
msgbox('您没有正确选择文件夹');
    return;
end
Data=xlsread([filepath,filename]);%读取文件,并赋值给矩阵 Data
xu=1:length(Data);%日序
lat=lat1*pi/180;%纬度转化为弧度制
taver=Data(:,4);%日平均温度
```

```
sun=Data(:,5);%日照时数
dr=1+0.033*cos(2*pi*xu'/365);%地球轨道偏心率订正系数
s=0.409*sin(2*pi*xu'/365-1.39);%太阳赤纬
ws=acos(-tan(lat)*tan(s));%日落时角
ra=24*60/pi*0.082*dr.*((ws*sin(lat).*sin(s))...
    +cos(lat)*cos(s).*sin(ws));%天文辐射日总量Ra
rso=(0.75+0.00002*h)*ra;%晴空太阳辐射
suno=24*ws/pi;%可能最大日照时数
rs=(0.25+0.5*sun./suno).*ra;%地表太阳辐射
ET=0.0135*(taver+17.8).*rs/2.45
```

结果数据在ET的数组中,可根据注释查询中间过程变量。

注:本次实习所提到的方法均适用于气象资料不全的地区,所需的气象要素较少,因此计算方法较P-M法更为简便。对未演示的方法感兴趣的读者,可根据气象资料自行计算,并且可以根据相关分析等方法,探究多种计算蒸散方法所得的蒸散量与实测值的差异,从而评价各种方法的优劣性。

3.潜在蒸散计算软件实现

应用气候学实习-参考作物蒸散计算软件V1.0是基于MATLAB-GUI开发的一款专业的多年积温求算可视化农业气候统计软件。软件主要包括打开数据、帮助和返回主界面模块,其中"帮助"模块下的方法介绍包括Penman-Monteith法(简称P-M法)、积温法、Hargreaves and Samani法(简称HS法)、Thornthwaite法(简称TW法)、Mc Cloud法(简称MC法)、Makkink法(简称MK法)、Priestley and Taylor法(简称PT法)以及Hargreaves法(简称HG法),各方法的计算公式和适用条件介绍是关键。

双击农业气候学实验教学统计软件V1.0主界面上的"三、应用气候学实习-参考作物蒸散计算软件"即可进入应用气候学实习-参考作物蒸散计算软件,出现如图11-1所示的界面,主界面窗口可通过点击右上角的"—"最小化。

图11-1 基于MATLAB-GUI的参考作物蒸散计算软件主界面

如暂时不进入此系统处理数据，打算退出系统操作，点击右上角的“×”直接退出即可；或打算返回农业气候学实验教学软件的主界面，点击此界面上的“返回主界面”即可。

(1)帮助示例

鉴于“帮助”文件是对系统中初始数据生成、数据处理和统计分析方法的介绍，故这里先介绍“帮助”文件的内容及其在软件中的调用，以方便用户及时查阅和了解系统中的专业术语及作者的研究开发思路。

将鼠标光标移至主菜单“帮助”处，出现如图 11-2 所示界面：内容包括“用户手册”和“方法介绍”，并以 Word 文档格式保存在 AGAT. EXE 执行文件的同一目录下。“用户手册”主要包括模型各模块简要介绍、操作运行方法及实例示范等；“方法介绍”包括计算潜在蒸散量的统计方法：Penman-Monteith 法（简称 P-M 法）、Hargreaves and Samani 法（简称 HS 法）、Thornthwaite 法（简称 TW 法）、Mc Cloud 法（简称 MC 法）、Makkink 法（简称 MK 法）、Priestley and Taylor 法（简称 PT 法）、Hargreaves 法（简称 HG 法），以及每种统计方法的定义、计算公式、原理和适用条件等。

“帮助”模块下的 Word 格式内容可以通过右侧下拉条显示（图 11-3），运用 Office 软件选择文字及图片的剪取、复制和注释等。如果“方法介绍”使用完成或退出“方法介绍”文件，点击 Word 文件右上角的“×”则文件关闭。

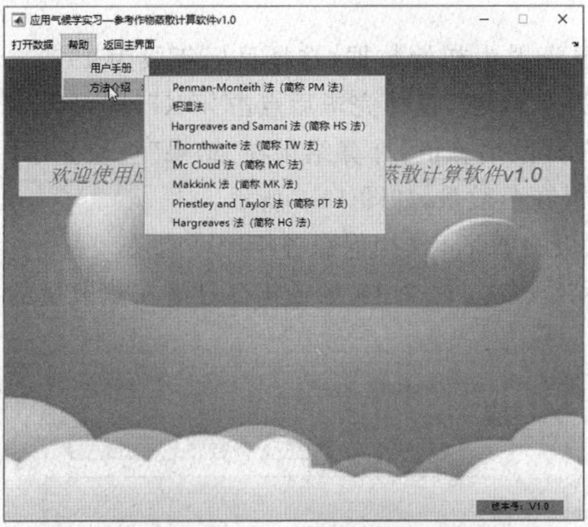

图 11-2 参考作物蒸散计算软件帮助界面

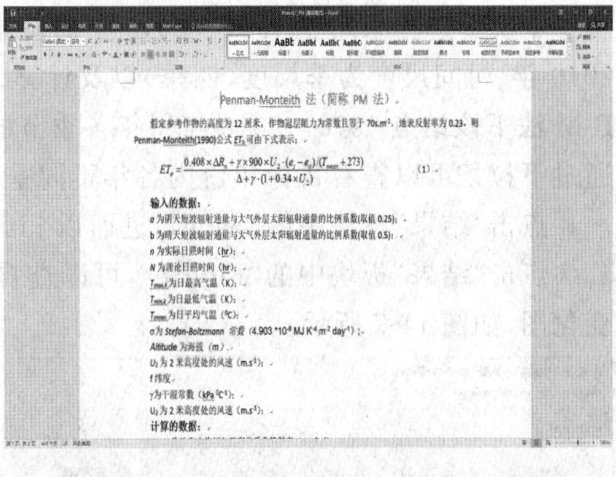

图 11-3 参考作物蒸散计算软件帮助界面下的 Word 格式

如果暂时不打算运行软件，退出软件则点击主菜单右上角的“×”关闭系统即可。

(2)初始数据和实例示范

初始数据包括站点号、经纬度、日期（年、月、日）以及地面气象站点的日平均温度、日最高温度、日最低温度、相对湿度等，存储在以 xls 为后缀的 Excel 文件中；将鼠标光标移到主菜单的“打开数据”并点击一下，选择初始数据后则出现如图 11-4 所示界面。

在图 11-4 中，初始界面的“控制面板”板块可以选择年份、时间尺度以及计算方法 3 个计算条件。选择年份可以设定从某年到某年，实现多年计算；时间尺度包括年尺度、季尺度（春季、夏季、秋季、冬季及四季）和月尺度（各月）；计算方法包含潜在蒸散量计算的主要统计方法——P-M 法、积温法、HS 法、TW 法、MC 法、MK 法、PT 法以及 HG 法，如图 11-5 所示。

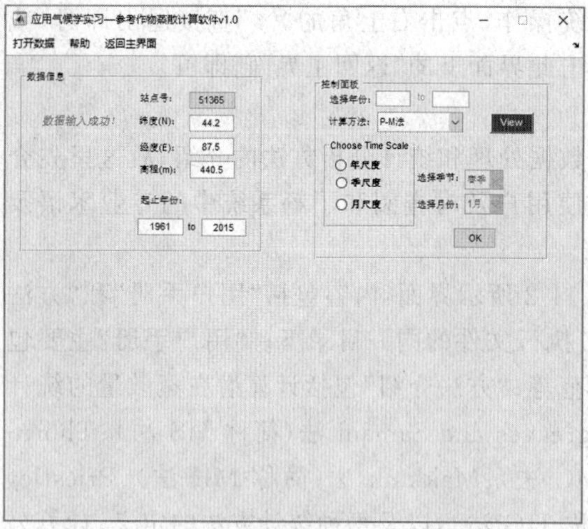

图 11-4 参考作物蒸散计算软件初始数据界面

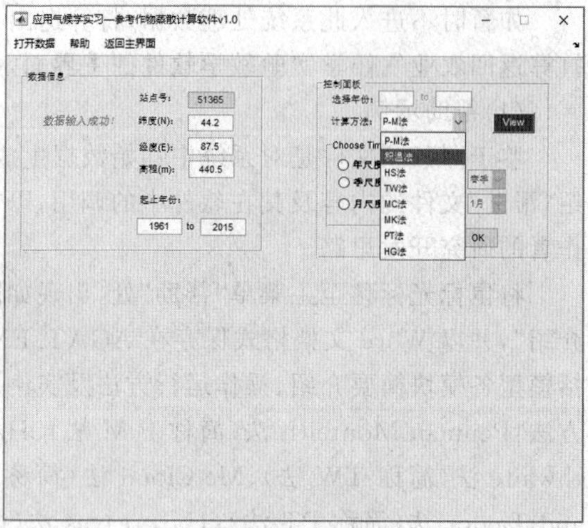

图 11-5 参考作物蒸散计算软件控制面板界面

在上述界面的控制面板处选择相应的计算方法后，点击“View”可查看所选统计方法的详细说明，并以 Word 版本打开，文档中包含统计方法的适用条件、计算公式及相应参数的解释等。Word 格式内容可以通过右侧下拉条显示。

本实例选择某站点 1961—2015 年的基本气象资料为初始数据，选择目标年段为 1970—2010 年、时间尺度为季尺度(四季)以及计算方法为 P-M 法，选择完毕后点击“OK”，即可得到 P-M 法下该站点 1970—2010 年每年各季节的潜在蒸散估算值，计算结果在“结果”板块显示，通过下拉条可以查看目标年份内各年不同季节的潜在蒸散量，如图 11-6 所示。

点击“结果”板块中的“Save”，进而以 xls 为后缀的 Excel 文档保存各年计算结果。

点击“结果”板块中的“Figure”，可以查看目标年段 1970—2010 年各年逐日潜在蒸散量的变化图，如图 11-7 所示。

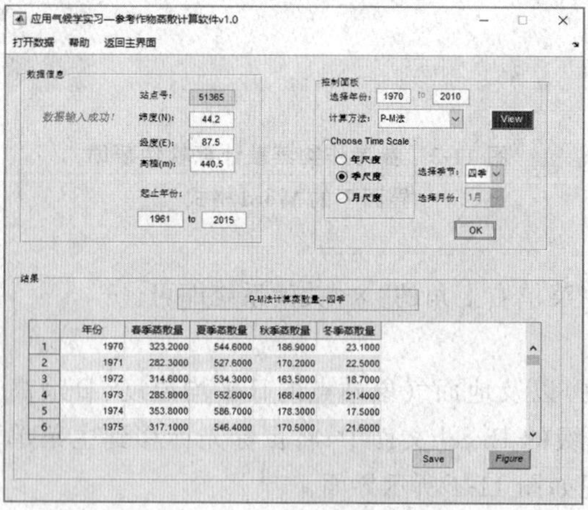

图 11-6 参考作物蒸散计算软件计算结果界面

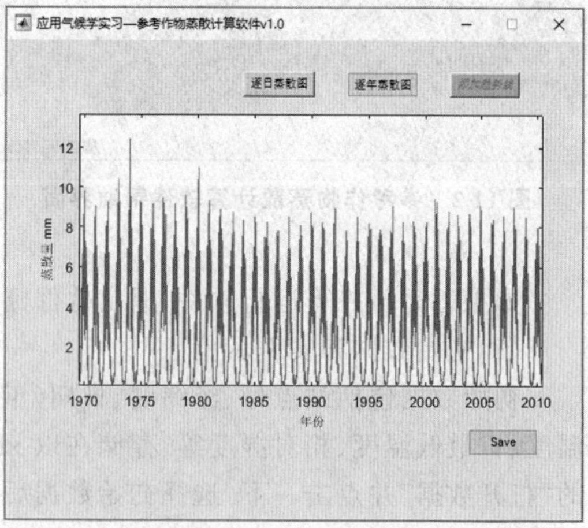

图 11-7 参考作物蒸散计算软件逐日蒸散图

在上述年际变化图界面上点击“逐日蒸散图”，也可以查看目标年份内每年逐日潜在蒸散量变化图。点击上述界面中“Save”，进而以 jpg 为后缀的图片格式保存多年结果。

在潜在蒸散量的变化图界面内点击"逐年蒸散图",也可以查看目标年份内每年各季节的潜在蒸散量变化图。

点击图 11-7 中的"添加趋势线",可以查看目标年份内潜在蒸散量的年际变化趋势。

点击界面中"Save",进而以 jpg 为后缀的图片格式保存趋势线图。

(3)注意事项

①在初始界面的"控制面板"板块选择目标时间段时,需要注意目标时间段应在初始数据时间段内选择,不能超出初始数据的时间段范围,否则点击"OK"后程序会提示存在错误而不运行。如在实例中,此站点初始数据的时间段为 1961—2015 年,若在初始界面选择目标时间段为 1961—2016 年(超出初始数据时间段),则会出现如图 11-8 所示界面。

②对一些非常规的计算方法,如 HS 法、TW 法、MC 法等,会有使用条件和范围提示,以 HS 法为例的提示如图 11-9 所示。

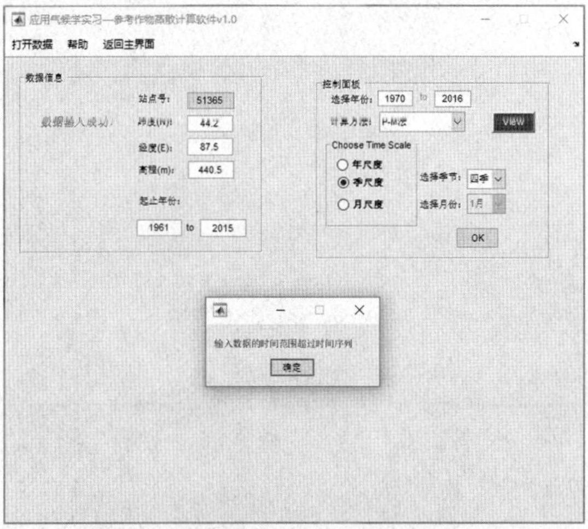

图 11-8 参考作物蒸散计算软件选择目标时间段错误提示

图 11-9 参考作物蒸散计算软件选择计算方法注意事项

至此,农业气候潜在蒸散计算统计软件的初始数据调取、数据统计分析、操作步骤、基本功能和注意事项都已介绍完成。退出操作,点击主界面右上角的"×"即可。

五、实习作业

采用一种温度估算方法和一种辐射估算方法,计算北京密云 1961—2015 年的年参考作物蒸散量,分析其趋势变化情况,并与 FAO-PM 方法进行对比分析。气象数据可通过扫描实习十一后的资源下载码下载文件中的(11-5)。

实习十一 资源下载码(11-1 至 11-5)

参考文献

[1] 曹金峰，李玉中，刘晓英，等. 四种参考作物蒸散量综合法的比较[J]. 中国农业气象，2015(04):58-66.

[2] 李玉霖，崔建垣，张铜会. 参考作物蒸散量计算方法的比较研究[J]. 中国沙漠，2002，22(04):372-376.

[3] 刘晓英，李玉中，王庆锁. 几种基于温度的参考作物蒸散量计算方法的评价[J]. 农业工程学报，2006，22(06)：12-18.

[4] 毛飞，张光智，徐祥德. 参考作物蒸散量的多种计算方法及其结果的比较[J]. 应用气象学报，2000，11(S1):128-136.

[5] 秦孟晟，郝璐，施婷婷，等. 秦淮河流域五种参考作物蒸散量估算方法的比较及改进[J]. 中国农业气象，2016(04):390-399.

实习十二　干旱指标计算方法之一
——气象干旱指标计算

小引：干旱是全球最为常见的自然灾害，也是我国影响面最广，最为严重的气象灾害。据统计，自然灾害中70%为气象灾害，而干旱又占气象灾害的50%左右。干旱指标是表征某一地区干旱程度的标准。但由于干旱自身的复杂特性和对社会影响的广泛性，某一个干旱指标很难达到在时空上普遍适用的条件。干旱指标大多建立在特定的地域和时间范围内，有其相应的时空尺度。

美国气象学会（American Meteorological Society，AMS）在总结各种干旱定义的基础上将干旱分为4种类型：气象干旱（由降水和蒸发不平衡所造成的水分短缺现象）、农业干旱（反映土壤含水量低于植物需水量的程度）、水文干旱（河川径流低于其正常值或含水层水位降落的现象）、社会经济干旱（在自然系统和人类社会经济系统中，由于水分短缺影响生产、消费等社会经济活动的现象）。其中，气象干旱是其他类型干旱的起因和监测评估的基础。

本次实习主要讲解一些常用的气象干旱指标，其中一些指标引自《气象干旱等级》（GB/T 20481—2017）。

一、实习目的

掌握运用降水量距平百分率、水热系数和干燥度指数的计算方法。

二、实习内容

基于某气象站点1981—2015年各年详细的气象资料，求算该地区日均温大于等于10℃时的降水量距平百分率、水热系数和干燥度指数。

三、实习原理和计算方法

1. 降水量距平百分率

降水量距平百分率（precipitation anomaly in percentage，PA）是表征某时段降水量较气候平均状况偏少程度的指标之一，能直观反映降水异常引起的农业干旱程度，尤其在雨养农业区。

$$\mathrm{PA}=\frac{P-\bar{P}}{\bar{P}}\times 100\%,\ \bar{P}=\frac{1}{n}\sum_{i=1}^{n}P_i,\ i=1,2,\cdots,n \tag{12-1}$$

式中：PA为某时段降水量距平百分率（%）；P 为某时段降水量（mm）；$\bar{P}$ 为计算时段同期气候平均降水量（mm）；n 一般取30，指30日（月或年）；P_i 为计算时段第 i 日（月或年）降水量（mm）。

降水量距平百分率以历史平均水平为基础确定旱涝程度，反映了某时段降水量相对于同期平均状态的偏离程度。这种方法在我国气象台站中经常使用，但是降水量距平百分率对平均值的依赖性较大，对于降水时空分布极不均匀的西北地区，不宜使用统一的降水量距平百分率标准。

降水量距平百分率干旱等级划分如表 12-1 所示。

表 12-1　降水量距平百分率干旱等级划分

等级	类型	降水量距平百分率/%		
		月尺度	季尺度	年尺度
1	无旱	$-40<PA$	$-25<PA$	$-15<PA$
2	轻旱	$-60<PA\leqslant-40$	$-50<PA\leqslant-25$	$-30<PA\leqslant-15$
3	中旱	$-80<PA\leqslant-60$	$-70<PA\leqslant-50$	$-40<PA\leqslant-30$
4	重旱	$-95<PA\leqslant-80$	$-80<PA\leqslant-70$	$-45<PA\leqslant-40$
5	特旱	$PA\leqslant-95$	$PA\leqslant-80$	$PA\leqslant-45$

2. 水热系数

水热系数是湿润指数的一种，基本形式为地面收入水分（降水）与其支出水分（蒸发、径流）之比，用以衡量某一地区的湿润程度。

$$KW=\frac{\sum P}{0.1\sum t\geqslant 10℃} \tag{12-2}$$

式中：KW 为水热系数，KW 值大于 1 表示湿润，KW 值越大表示越湿润；P 为日平均气温高于 10℃期间的降水量（mm）；$\sum t\geqslant$10℃为大于等于 10℃积温（℃）；0.1 为系数。

水热系数分级标准如表 12-2 所示。

表 12-2　水热系数分级标准

KW	0.3	0.5	0.7	1	1～2	3～4
景观	沙漠景观	半沙漠界线	农业不稳定界线	森林草原	湿润状况良好	非常湿润

3. 干燥度指数

干燥度指数是表征气候干燥程度的指数，又称干燥指数，基本为某地一定时段内的水面可能蒸发量与同期降水量的比值。

$$K=\frac{ET}{P} \tag{12-3}$$

式中：K 为干燥度指数；ET 为蒸散量；P 为降水量。

容易看出，干燥度指数与湿润指数互为倒数。干燥度指数中的蒸散量有多种估算方法，也就形成了多种计算干燥度指数的方法。常见的有以温度与降水计算的干燥度(De Martonne 于 1926 年提出)，以可能蒸散量计算的干燥度(实习十和十一中各种计算可能蒸散量的方法)，以积温计算的干燥度(一种是以日温度大于等于 10℃的年积温计算的 Selianinov 干燥度；另一种是以月平均气温高于 5℃的年积温计算的 Kira 干湿度指数。实际上水热系数公式也是用积温来计算蒸散量)。本实习采用 Selianinov 干燥度指数计算方法。

$$K=\frac{0.16\sum t\geqslant 10℃}{\sum P} \tag{12-4}$$

式中：P 为日平均气温高于 10℃期间的降水量(mm)；$\sum t\geqslant 10℃$为大于等于 10℃积温(℃)；0.16 为系数。

干燥度指数分级标准如表 12-3 所示。

表 12-3　干燥度指数分级标准

K	<1.0	[1.0,1.5)	[1.5,4.0)	≥4.0
景观	森林	森林草原	干草原和荒漠草原	荒漠
湿润程度	湿润	半湿润	半干旱	干旱
对农业影响	排水	水分不足	需要灌溉	无灌溉便无农业

Selianinov 干燥度指数是苏联科学家 Selianinov 在 1937 年提出的经验公式，其本质是利用积温估算蒸散量，从而计算干燥度。原公式中的经验系数为 0.1(水热系数公式里的系数)，我国科学家根据我国的实际情况经过大量推算，将 0.1 改为 0.16(中国科学院自然区划工作委员会，1959)。中国科学院自然区划工作委员会(1959 年)的中国气候区划就是根据干燥度指数进行划分的，用 16.0 等值线作为极干旱与干旱区的分界，此线与塔里木和柴达木盆地、巴旦吉林和滕格里沙漠边缘一致，年降水量在 60 mm 以下，与我国荒漠景观大体吻合；用 4.0 等值线作为干旱与半干旱区的分界线，此线与旱作农业西界一致；用 1.5 等值线作为干旱亚湿润与半干旱区的分界线；用 1.0 等值线作为湿润与干旱亚湿润区的分界线，此线与淮河秦岭一线基本一致。

Selianinov 干燥度计算方法相对容易获得所需数据，气象观测台站所记录的各个温度基点的年积温资料，不需做很大调整即可满足计算需要，较为简便可行，比较适合中高纬度地区。但 Selianinov 干燥度计算方法是经验性的，它假定一定的活动温度总和可以代表一定的可能蒸发量，这一假定缺乏物理意义，只在少数的地方经过初步验证，未必适用于全国。它只计算日均温持续在 10℃以上的时期，而在温度较低的季节仍有生物活动，并且此时的降水可以部分留在土壤中，供温暖季节利用。所以，只计算 10℃以上时期的温度，在有些地方可能造成很大的误差。准确的方法还应该是采用 P-M 公式计算参考作物蒸散，结合各生育期作物系数，计算作物耗水量。

四、实习方法和步骤

1. Excel 实现

步骤 1:实习数据可通过扫描实习十二后的资源下载码下载文件中的(12-1),按照实习五内容,采用五日滑动平均法计算 1981—2015 年 10℃界限温度起止日期(以日序表示),并计算期间的≥10℃积温和降水量。以 1981 年为例,计算可得 10℃界限温度起止日序分别为第 93 天和第 294 天,期间的≥10℃积温和降水量分别为 4 079.2℃·d 和 449.6 mm。依次计算逐年≥10℃的积温和降水量,如表 12-4 所示。

步骤 2:计算 1981—2015 年多年日均温大于等于 10℃期间降水量平均值 $\bar{P}$ 为 589.4 mm,则 2015 年降水量距平百分率 PA=(546.1 mm−589.4 mm)/589.4 mm×100%=−7.3%。

步骤 3:计算 1981—2015 年多年日均温大于等于 10℃ 期间逐年的水热指数和干燥度指数,如表 12-4 所示。该地区 1981—2015 年水热系数和干燥度指数多年平均分别为 1.4 和 1.2,则该地区为半湿润-湿润区。

表 12-4 干燥度指数分级标准

年份	≥10℃积温/(℃·d)	期间降水量/mm	水热系数	干燥度指数
1981	4 079.2	449.6	1.1	1.5
1982	4 184.7	695.9	1.7	1.0
1984	3 960.9	557.0	1.4	1.1
⋮	⋮	⋮	⋮	⋮
2009	4 212.7	518.1	1.2	1.3
2010	3 941.1	476.7	1.2	1.3
2011	4 244.4	557.3	1.3	1.2
2012	4 118.2	734.1	1.8	0.9
2013	3 815.3	553.5	1.5	1.1
2014	4 428.4	556.8	1.3	1.3
2015	4 112.1	546.1	1.3	1.2

2. MATLAB 编程实现

将数据存储在 Excel 文档中,第 1～4 列分别为年、月、日、平均温度(℃),数据可通过扫描实习十二后的资源下载码下载文件中的(12-1),代码如下[完整代码可通过扫描实习十二后的资源下载码下载文件中的(12-2)]:

```
clear %清空环境变量
clc  %清空窗口内容
[filename filepath]=uigetfile('*.*','请选择文件');%filename 为文件名,filepath 为文件路径
```

```
if isequal(filename,0)
msgbox('您没有正确选择文件夹');
        return;
end
Data=xlsread([filepath,filename]);%读取文件,并赋值给矩阵 Data
jw=10.0;%指定界限温度
year=1981;%开始的年份
k=1;%迭代次数标记
while year<2016
      Data_year=Data(find(Data(:,1)==year),:);
t=Data_year(:,4);
   rows=size(t,1);
    if rows==365 || rows==366;
          ht=zeros(rows-4,1);
          for i=1:rows-4
                ht(i)=mean(t(i:i+4));
          end
          [maxt,maxn]=max(ht);%求五日滑动气温最高值及对应的日序
          if maxt<jw;%两种特殊情况:一年中五日滑动气温全部大于或小于界限温度
              churi=0;
              zhongri=0;
          end
          [mint1,minn1]=min(ht(1:maxn));
          if mint1>=jw;
              churi=1;
          end
          [mint2,minn2]=min(ht(maxn+1:end));
          if mint2>=jw;
                zhongri=rows;
          end
          if maxt>=jw && mint1<=jw
          %初日
                b=ht(minn1:maxn)>=jw;
                ind1=find(diff([0;b])==1);
                ind2=find(t(minn1-1+ind1(end):minn1-1+ind1(end)+4)>=jw==1);
                churi=minn1-1+ind1(end)+ind2(1)-1;%返回相应正积温阶段的第一天,即初日


          end
          %终日
          if maxt>=jw && mint2<jw
                zr=ht(maxn+1:maxn+minn2)>=jw;
```

```
            ind1=find(diff([1;zr])==-1);
            ind2=find(t(maxn+ind1(1)-1:maxn+ind1(1)+3)>=jw==1);
            zhongri=maxn+ind1(1)-1+ind2(end)-1;
        end
    end
Result(k,1)=year;%Result 为最终的结果,年、≥10℃积温、降水量、水热系数、干燥度指数
t_jw=t(churi:zhongri);
Result(k,2)=sum(t_jw(t_jw>=jw));
Result(k,3)=sum(Data_year(churi:zhongri,5));
k=k+1;
year=year+1;
end
%----------降水量距平百分率------------------------------------------------
Pa=(Result(end,3)/mean(Result(:,3))-1)*100;
%----------水热系数------------------------------------------------------
Result(:,4)=Result(:,3)./(0.1*Result(:,2));
%----------干燥度指数----------------------------------------------------
Result(:,5)=0.16*Result(:,2)./Result(:,3);
```

结果保存在 Result 数组中,第 1~5 列分别为 年、≥10℃积温、降水量、水热系数和干燥度指数。Pa 为降水量距平百分率。

五、实习作业

计算北京密云、西藏泽当、新疆乌鲁木齐、云南昆明 4 个地区 1961—2015 年的水热系数和干燥度指数,对比分析区域间干湿气候差异。数据可通过扫描实习十二后的资源下载码下载文件中的(12-3)至(12-6)。

实习十二 资源下载码(12-1 至 12-6)

参考文献

[1] 孟猛,倪健,张治国. 地理生态学的干燥度指数及其应用评述[J]. 植物生态学报,2004,28(06):853-861.

[2] 陈建伟,张煜星. 湿润指数与干燥度关系的探讨[J]. 中国沙漠,1996,16(01):79-82.

[3] 鞠笑生,杨贤为,陈丽娟,等.我国单站旱涝指标确定和区域旱涝级别划分的研究[J]. 应用气象学报,1997,08(01):26-32.

[4] 申双和，张方敏，盛琼. 1975—2004 年中国湿润指数时空变化特征[J]. 农业工程学报，2009(01):11-15.

[5] 孙艳玲，延晓冬，谢德体. 基于布迪科指标的中国植被-气候关系研究[J]. 资源科学，2006(03):23-29.

[6] 王利平，文明，宋进喜，等. 1961—2014 年中国干燥度指数的时空变化研究[J]. 自然资源学报，2016，31(09):1488-1498.

[7] 姚玉璧，张存杰，邓振镛，等. 气象、农业干旱指标综述[J]. 干旱地区农业研究，2007(01):185-189+211.

[8] 全国气候与气候变化标准化技术委员会. 气象干旱等级:GB/T 20481—2017[S]. 北京:中国标准出版社，2017.

实习十三 干旱指标计算方法之二
——农业气象干旱指标计算

小引：农业干旱是指作物生长季内，因水分供应不足导致农田水量供需不平衡，阻碍作物正常发育的现象。与气象灾害相比，农业气象干旱指标需考虑具体的作物及生育期。《农业干旱等级》(GB/T 32136—2015)中规定了3种农业干旱等级指标：作物水分亏缺距平指数、土壤相对湿度指数和农田与作物干旱形态指标。国标中也介绍了3种指标的使用原则：当具有计算作物水分亏缺距平指数所需要的观测资料时，使用作物水分亏缺距平指数划分农业干旱等级；当具有连续土壤水分观测资料时，采用土壤相对湿度指数划分农业干旱等级；当上述两者划分的农业干旱等级出现分歧时，以作物水分亏缺距平指数划分的等级为准。当前面两者资料均不具备时，采用农田与作物干旱形态指标。作物水分亏缺指数从农田水分平衡出发，引入作物系数，考虑作物需水特性，能够更好地反映作物缺水状况，是目前划分农业气象干旱等级的重要指标。本次实习主要讲解作物水分亏缺指数的计算和应用。

一、实习目的

掌握运用作物水分亏缺指数的计算方法。

二、实习内容

基于某气象站点1961年详细的气象资料，求算该地区夏玉米各生育期的作物水分亏缺指数，依据计算结果划分干旱等级。

三、实习原理和计算方法

作物水分亏缺指数(crop water deficit index, CWDI)是指某一时段内作物需水量与供水量(包括自然降水和灌溉水)之差占同期作物需水量的比值(%)。

1. 生育阶段水分亏缺指数计算方法

夏玉米不同生育阶段的水分亏缺指数按下式计算：

$$K_{\mathrm{CWDI}}=\frac{1}{n}\sum_{i=1}^{n}I_{\mathrm{CWDI},i} \tag{13-1}$$

式中：K_{CWDI} 为夏玉米某生育阶段的水分亏缺指数；$I_{\mathrm{CWDI},i}$ 为生育阶段内第 i 天的累计水分亏缺指数，计算方法见式(13-2)；n 为某生育阶段内包含的总天数。

2. 累计水分亏缺指数计算方法

考虑到水分亏缺的累计效应及对后期作物生长发育的影响，从某生育阶段开始的那天算起，向作物生长前期推50 d，每10 d为1个时间单位计算水分亏缺指数，则该生育阶段某一天的累计水分亏缺指数按下式计算：

$$I_{\mathrm{CWDI},i}=a\times \mathrm{CWDI}_i+b\times \mathrm{CWDI}_{i-1}+c\times \mathrm{CWDI}_{i-2}+d\times \mathrm{CWDI}_{i-3}+e\times \mathrm{CWDI}_{i-4} \quad (13\text{-}2)$$

式中：$I_{\mathrm{CWDI},i}$ 为某生育阶段内第 i 天的累计水分亏缺指数(%)；CWDI_i 为第 i 时间单位(过去1天至10天)的水分亏缺指数(%)，计算方法见式(13-3)；CWDI_{i-1} 为第 $i-1$ 时间单位(过去11天至20天)的水分亏缺指数(%)；CWDI_{i-2} 为第 $i-2$ 时间单位(过去21天至30天)的水分亏缺指数(%)；CWDI_{i-3} 为第 $i-3$ 时间单位(过去31天至40天)的水分亏缺指数(%)；CWDI_{i-4} 为第 $i-4$ 时间单位(过去41天至50天)的水分亏缺指数(%)；a,b,c,d,e 均为权重系数，a 取值为0.3，b 取值为0.25，c 取值为0.2，d 取值为0.15，e 取值为0.1，各地可根据当地实际情况确定相应系数值。

3.水分亏缺指数计算方法

CWDI_i 由下式计算：

$$\mathrm{CWDI}_i=\begin{cases}\left(1-\dfrac{P_i+I_i}{\mathrm{ET}_{c,i}}\right)\times 100\%, & \mathrm{ET}_{c,i}>P_i+I_i\\ 0, & \mathrm{ET}_{c,i}\leqslant P_i+I_i\end{cases} \quad (13\text{-}3)$$

式中：CWDI_i 为第 i 个时间单位的水分亏缺指数(%)；P_i 为第 i 个时间单位的累计降水量(mm)；I_i 为第 i 个时间单位的累计灌溉量(mm)；$\mathrm{ET}_{c,i}$ 为第 i 个时间单位的累计需水量(mm)。

$\mathrm{ET}_{c,i}$ 可由下式计算：

$$\mathrm{ET}_{c,i}=K_{c,i}\times \mathrm{ET}_{0,i} \quad (13\text{-}4)$$

式中：$\mathrm{ET}_{0,i}$ 为第 i 个时间单位参考蒸散量[可采用FAO(1998)推荐的Penman-Monteith公式计算]；$K_{c,i}$ 为夏玉米某生育阶段的作物系数。

作物系数(K_c)是计算农田实际蒸散量的重要参数之一，其基本定义为在土壤水分充分供应时，作物的实际蒸散量(ET_c)与可能蒸散量(ET_i)的比值。作物系数通常是采用田间试验的方法确定，作物的实际蒸散量和可能蒸散量都是用仪器测定得到的。不同的气候区、不同的作物以及作物生长的不同阶段，作物的实际蒸散量是不同的，因此作物系数也是不同的。有条件的地区可以根据试验数据来确定本地的作物系数；无条件的地区可根据下式的方法确定，也可参照临近地区的作物参考值来确定(表13-1、表13-2)。

$$K_c=\frac{\mathrm{ET}_c}{\mathrm{ET}_0} \quad (13\text{-}5)$$

K_c 也可以采用联合国粮农组织(FAO)推荐的方法计算。

表 13-1 冬小麦各月作物系数 K_c 值

地区	10 月	11 月	12 月	1 月	2 月	3 月	4 月	5 月	6 月
山西	0.58	0.76	0.4	0.14	0.24	0.58	1.04	1.24	0.84
河北	0.85	0.92	0.54	0.33	0.24	0.42	1.14	1.42	0.73
河南	0.63	0.83	0.93	0.31	0.50	0.91	1.40	1.29	0.60
山东	0.67	0.70	0.74	0.64	0.64	0.90	1.22	1.13	0.83
安徽	1.18	1.15	1.25	1.13	1.14	1.07	1.16	0.87	
江苏	1.14	1.14	1.19	0.82	0.91	0.86	1.77	1.43	0.41

表 13-2 夏玉米作物系数 K_c 参考值

地区		6 月	7 月	8 月	9 月	10 月
山东	鲁西南区(莱河)	0.59	0.92	1.27	1.06	1.08
	鲁北区(马东等)	0.77	1.02	1.29	1.20	1.05
	鲁中区(石马、绣惠)	0.70	1.08	1.50	1.27	1.17
	鲁南区(唐村)	0.47	0.94	1.56	1.26	1.07
	胶东区(北邢家)	0.88	1.04	1.58	1.27	1.18
河北	冀中(望都)	0.50	0.60	0.96	1.76	0.84
	冀中(藁城)	0.65	0.84	0.94	1.34	0.89
	冀中(栾城)	0.60	1.14	1.77	1.27	1.19
	冀南(临西)	0.49	0.75	1.22	1.47	0.96
河南	豫北(新乡)	0.85	1.32	1.79	1.26	1.14
	豫中(禹县)	0.47	1.13	1.67	1.32	0.99
	豫南(南阳)	0.65	1.35	1.74	1.06	1.07
陕西	关中东部(泾惠渠)	0.51	0.99	1.39	1.86	1.02
	关中西部(武功)	0.51	1.05	1.43	1.28	1.07
	商洛地区	0.54	0.67	0.94	0.99	0.85
	杨凌	0.73	1.00	1.27	1.07	1.01

基于水分亏缺指数的北方夏玉米干旱等级如表 13-3 所示。

表 13-3 基于水分亏缺指数的北方夏玉米干旱等级

干旱等级	K_{CWDI}/%				
	播种—出苗	出苗—拔节	拔节—抽雄	抽雄—乳熟	乳熟—成熟
无旱	$K_{CWDI}<35$	$K_{CWDI}<40$	$K_{CWDI}<20$	$K_{CWDI}<10$	$K_{CWDI}<35$
轻旱	$35\leqslant K_{CWDI}<45$	$40\leqslant K_{CWDI}<55$	$20\leqslant K_{CWDI}<35$	$10\leqslant K_{CWDI}<25$	$35\leqslant K_{CWDI}<50$
中旱	$45\leqslant K_{CWDI}<50$	$55\leqslant K_{CWDI}<65$	$35\leqslant K_{CWDI}<55$	$25\leqslant K_{CWDI}<45$	$50\leqslant K_{CWDI}<65$
重旱	$50\leqslant K_{CWDI}<55$	$65\leqslant K_{CW DI}<75$	$55\leqslant K_{CW}<65$	$45\leqslant K_{CWDI}<55$	$65\leqslant K_{CWD}<75$
特旱	$K_{CWDI}\geqslant 55$	$K_{CWDI}\geqslant 75$	$K_{CWDI}\geqslant 65$	$K_{CWDI}\geqslant 55$	$K_{CWDI}\geqslant 75$

四、实习方法和步骤

基于北京密云(纬度 39.8°,海拔 71.8 m)1961 年逐日气象数据,求算该地区夏玉米各生育期作物水分亏缺指数,并依据计算结果划分干旱等级。夏玉米生育期时段划分如表 13-4 所示,夏玉米作物系数 K_c 参考值假定与河北栾城一致(表 13-2),前茬作物为冬小麦,冬小麦作物系数假定与河北一致(表 13-1),同时假定生长季无灌溉。实习数据可通过扫描实习十三后的资源下载码下载文件中的(13-1)。

表 13-4　夏玉米生育期时段划分

时段	播种—出苗	出苗—拔节	拔节—抽雄	抽雄—乳熟	乳熟—成熟
日期	6 月 10 日—6 月 16 日	6 月 17 日—6 月 30 日	7 月 1 日—7 月 27 日	7 月 28 日—8 月 24 日	8 月 25 日—9 月 20 日

1. Excel 实现

步骤 1:按照实习十内容,采用 P-M 方法计算 1961 年逐日的潜在蒸散量 ET。将逐日的作物系数 K_c(夏玉米和冬小麦)填入一列中,如表 13-5 所示。逐日的潜在蒸散量乘以逐日的作物系数得到逐日的作物需水量。

表 13-5　逐日的作物需水量及中间参数(仅以 1 月 1 日—10 日数据举例)

年	月	日	降水量/mm	潜在蒸散 ET/mm	作物系数 K_c	需水量 ET×K_c/mm
1961	1	1	0	0.77	0.33	0.25
1961	1	2	0	0.52	0.33	0.17
1961	1	3	0	1.47	0.33	0.49
1961	1	4	0	0.78	0.33	0.26
1961	1	5	0	1.38	0.33	0.45
1961	1	6	0	0.73	0.33	0.24
1961	1	7	0	1.00	0.33	0.33
1961	1	8	0	1.17	0.33	0.39
1961	1	9	0	0.91	0.33	0.30
1961	1	10	0	1.02	0.33	0.34

步骤 2:根据式(13-3)计算逐日的时间单位(10 d)水分亏缺指数 CWDI,例如要计算 1 月 10 日的 CWDI,首先往前推算 10 d,即计算 1 月 1 日—10 日这 10 d(1 个时间单位)的总降水量(0 mm)和总需水量(3.22 mm),则 1 月 10 日的 CWDI=(1−0/3.22)×100%=100%。

这里需要注意的是,如果总降水量(包括降水和灌溉量)大于总需水量时,CWDI=0,可以在单元格中输入"=IF(原公式<0,0,原公式)"或"=MAX(原公式,0)"来实现。

步骤 3:根据式(13-2)计算逐日累计作物水分亏缺指数,例如要计算 6 月 30 日的累计作物水分亏缺指数,则需要 6 月 30 日、6 月 20 日、6 月 10 日、5 月 31 日、5 月 21 日的水分亏缺指数 CWDI(分别为 0,0.35%,88.36%,98.07%和 81.23%),分别乘以权重系数 0.3,0.25,0.2,

0.15,0.1,再相加,得到6月30日的累计水分亏缺指数为40.59%。

步骤4:根据式(13-1)和表13-4生育期时段划分,将每个生育时段内日累计作物水分亏缺指数求平均,得到每个生育期时段的水分亏缺指数 K_{CWDI},结果如表13-6所示。根据得到的每个生育期时段的水分亏缺指数结果与表13-3干旱等级划分,可以得出:1961年夏玉米生长季播种—出苗为特旱,出苗—拔节为中旱,拔节—抽雄为轻旱、抽雄—乳熟为中旱,乳熟—成熟为轻旱。

表13-6 1961年夏玉米生长季内每个生育期时段的水分亏缺指数 K_{CWDI}

生育期	播种—出苗	出苗—拔节	拔节—抽雄	抽雄—乳熟	乳熟—成熟
日期	6月10日—6月16日	6月17日—6月30日	7月1日—7月27日	7月28日—8月24日	8月25日—9月20日
K_{CWDI}/%	81.22	56.24	25.54	28.14	48.10

2. MATLAB编程实现

将数据存储在Excel文档中,第1~12列分别为年、月、日、平均温度(℃)、最高温度(℃)、最低温度(℃)、相对湿度(%)、降水量(mm),风速(m·s^{-1})、日照时数(h)、大气压(10 Pa)、作物系数 K_c,数据可通过扫描实习十三后的资源下载码下载文件中的(13-2),代码如下[完整代码可通过扫描实习十三后的资源下载码下载文件中的(13-3)]:

```
clear %清空环境变量
clc  %清空窗口内容
pi=3.1415926;%圆周率 Pi
sten=4.903e-9;%斯蒂芬-玻尔兹曼常数
lat1=39.8;%纬度,根据具体地理位置修改
h=71.8;%海拔,根据具体地理位置修改
GrowthP=[161,168,182,209,236,264];%设置作物生育期初日日序:播种、出苗、拔节、抽雄、乳熟、成熟
Wight=[0.3,0.25,0.2,0.15,0.1]%权重系数,可以修改.
[filename filepath]=uigetfile('*.*','请选择文件');%filename 为文件名,filepath 为文件路径
if isequal(filename,0)
msgbox('您没有正确选择文件夹');
    return;
end
Data=xlsread([filepath, filename]); %读取文件,并赋值给矩阵 Data
xu=1:length(Data);%日序
%----------计算逐日潜在蒸散--------------
lat=lat1*pi/180;%纬度转化为弧度制
tmax=Data(:,5);%日最高温度
tmin=Data(:,6);%日最低温度
taver=Data(:,4);%日平均温度
rh=Data(:,7);%相对湿度
wind=Data(:,9);%10 米处风速
wind=wind*4.87/log(678-5.42);%2 米处风速
```

```
sun=Data(:,10);%日照时数
p=Data(:,11)/100;%大气压
r=p*0.000665;%干湿球常数
v=4098*(0.6108*exp(17.27*taver./(237.3+taver)))./(taver+237.3)...
  ./(taver+237.3);%水汽压-温度曲线的斜率D值
es=0.6108*exp(17.27*tmin./(237.3+tmin))*0.5+...
  0.6108*exp(17.27*tmax./(237.3+tmax))*0.5;%饱和水汽压es
ea1=es.*rh/100;%实际水汽压ea
dr=1+0.033*cos(2*pi*xu'/365);%地球轨道偏心率订正系数
s=0.409*sin(2*pi*xu'/365-1.39);%太阳赤纬
ws=acos(-tan(lat)*tan(s));%日落时角
ra=24*60/pi*0.082*dr.*((ws*sin(lat).*sin(s))...
    +cos(lat)*cos(s).*sin(ws));%天文辐射日总量Ra
rso=(0.75+0.00002*h)*ra;%晴空太阳辐射
suno=24*ws/pi;%可能最大日照时数
rs=(0.25+0.5*sun./suno).*ra;%地表太阳辐射
rns=0.77*rs;%地表净短波辐射
rnl=sten*0.5*((tmax+273.16).^4+(tmin+273.16).^4).*(0.34-0.14*sqrt(ea1))...
  .*(1.35*rs./rso-0.35); %Rnl为地表净长波辐射
rn=rns-rnl;%地表净辐射
ET=(0.408*v.*rn+r*900.*wind./(taver+273).*(es-ea1))./...
  (v+r.*(1+0.34*wind));%日参考作物蒸散ET0
Result(:,1:3)=Data(:,1:3);% Result数组为中间变量结果，第1-3列为年、月、日
Result(:,4)=Data(:,8);%第4列为降水量
Result(:,5)=ET;%第5列为潜在蒸散量
Result(:,6)=Data(:,12);%第6列为作物系数Kc
%------------计算作物需水量------------------
Result(:,7)=Result(:,5).*Result(:,6);%第7列为作物需水量
%------------计算10日内水分亏缺指数------------------
for i=10:length(Data)
    Result(i,8)=(1-sum(Result(i-9:i,4))/sum(Result(i-9:i,7)))*100;
    %第8列为10日内水分亏缺指数
end
Result(Result(:,8)<0,8)=0;
%------------计算逐日累计亏缺指数------------------
for i=50:length(Data)
    Result(i,9)=Wight(1)* Result(i,8)+Wight(2)* Result(i-10,8)+...
        Wight(3)* Result(i-20,8)+Wight(4)* Result(i-30,8)+...
        Wight(5)* Result(i-40,8);
     %第9列为逐日累计亏缺指数
end
```

```
%--------------各生育期水分亏缺指数------------------
for i=1:length(GrowthP)-1
    KCWDI(i)=mean(Result(GrowthP(i):GrowthP(i+1)-1,9));
end
```

结果保存在 KCWDI 数组中，分别为各生育期的水分亏缺指数。中间结果数据保存在 Result 数组中，第 1～9 列分别为 年、月、日、降水量、日参考蒸散、作物系数、需水量、10 日内水分亏缺指数、逐日累计水分亏缺指数。

五、实习作业

利用水分亏缺指数评价北京密云 2015 年夏玉米生长季各生育期干旱状况，并将计算结果与水热系数和干燥度指数对比，思考农业气象干旱指标与气象干旱指标的差异。数据可通过扫描实习十三后的资源下载码下载文件中的(13-4)。

实习十三　资源下载码(13-1 至 13-4)

参考文献

[1] 李崇瑞，游松财，武永峰，等. 改进作物水分亏缺指数用于东北地区春玉米干旱灾变监测[J]. 农业工程学报，2019，35(21)：175-185.

[2] 邱美娟，郭春明，王冬妮，等. 1960—2015 年吉林省玉米生长季有效降水和水分亏缺指数的变化特征[J]. 干旱地区农业研究，2018，36(01)：243-249+286.

[3] 隋月，黄晚华，杨晓光，等. 气候变化背景下中国南方地区季节性干旱特征与适应Ⅱ.基于作物水分亏缺指数的越冬粮油作物干旱时空特征[J]. 应用生态学报，2012(09)：2467-2476.

[4] 张艳红，吕厚荃，李森. 作物水分亏缺指数在农业干旱监测中的适用性[J]. 气象科技，2008，36(05)：596-600.

[5] 全国农业气象标准化技术委员会. 农业干旱等级：GB/T 32136—2015[S]. 北京：中国标准出版社，2016.

实习十四　干旱指标计算方法之三
——SPI、SPEI

小引：因为降水量的分布一般不是正态分布，而是一种偏态分布，所以在进行降水分析和干旱监测、评估中，采用 Γ 分布概率来描述降水量的变化。标准化降水指数（简称 SPI）就是在计算出某时段内降水量的 Γ 分布概率后，再进行正态标准化处理，最终用标准化降水量累积频率分布来划分干旱等级。而在实际生产过程中，干旱不仅受到降水的影响，而且与蒸散密切相关。2010 年 Vicente-Serrano 采用降水与蒸散的差值构建了 SPEI，并采用了 3 个参数的 log-logistic 概率分布函数来描述其变化，通过正态标准化处理，最终用标准化降水与蒸散差值的累积频率来划分干旱等级。

一、实习目的

掌握运用标准化降水指数和标准化降水蒸散指数的计算方法。

二、实习内容

基于某气象站点 1961 年详细的气象资料，求算该地区夏玉米各生育期标准化降水指数和标准化降水蒸散指数，依据计算结果划分干旱等级。

三、实习原理和计算方法

1. 标准化降水指数

标准化降水指数（standardized precipitation index，SPI）采用 Γ 函数的标准化降水累积频率分布来描述降水量变化，表征某时段降水量出现的概率。SPI 使不同地区或不同时段发生的干旱具有可比性，适用于不同地区不同时间尺度干旱的监测与评估。

①假设某时段降水量为随机变量 x，则其 Γ 分布的概率密度函数如下式：

$$f(x)=\frac{1}{\beta^{\gamma}\Gamma(\gamma)}x^{\gamma-1}e^{-\frac{x}{\beta}},\ x>0 \tag{14-1}$$

式中：β，γ 分别为尺度和形状参数，$\beta>0$，$\gamma>0$，β 和 γ 可用极大似然估计方法求得。

$$\hat{y}=\frac{1+\sqrt{1+4A/3}}{4A} \tag{14-2}$$

$$\hat{\beta}=\frac{\bar{x}}{\hat{\gamma}} \tag{14-3}$$

式中：

$$A=\lg\bar{x}-\frac{1}{n}\sum_{i=1}^{n}\lg x_i \tag{14-4}$$

式中：x_i 为降水量资料样本；$\bar{x}$ 为降水量气候平均值。

确定概率密度函数中的参数后，对于某一年的降水量 x_0 可求出随机变量 x 小于 x_0 时间的概率：

$$F(x<x_0)=\int_0^{x_0}f(x)\mathrm{d}x \tag{14-5}$$

利用数值积分可以计算用式(14-1)代入式(14-5)后的事件概率近似估计值。

②降水量为 0 时的时间概率由下式估计：

$$F(x=0)=\frac{m}{n} \tag{14-6}$$

式中：m 为降水量为 0 的样本数；n 为总样本数。

③对 Γ 分布概率进行正态标准化处理，即将式(14-5)或式(14-6)求得的概率值代入标准化正态分布函数：

$$F(x<x_0)=\frac{1}{\sqrt{2\pi}}\int_0^{x_0}\mathrm{e}^{-\frac{Z^2}{2}}\mathrm{d}x \tag{14-7}$$

对式(14-7)进行近似求解可得：

$$Z=S\left\{t-\frac{(c_2t+c_1)t+c_0}{[(d_3t+d_2)t+d_1]t+1.0}\right\} \tag{14-8}$$

式中：

$$t=\sqrt{\ln\frac{1}{F^2}} \tag{14-9}$$

式中：F 为式(14-5)或式(14-6)求得的概率(当 $F>0.5$ 时，F 取值 $1.0-F$，$S=1$；当 $F\leqslant 0.5$ 时，$S=-1$)；$c_0=2.515\,517$；$c_1=0.802\,853$；$c_2=0.010\,328$；$d_1=1.432\,788$；$d_2=0.189\,269$；$d_3=0.001\,308$。

由式(14-8)求得的 Z 值就是此标准化降水指数。

依据 SPI 划分的干旱等级如表 14-1 所示。

表 14-1 SPI 干旱等级划分表

等级	类型	SPI
1	无旱	$-0.5<\mathrm{SPI}$
2	轻旱	$-1.0<\mathrm{SPI}\leqslant-0.5$
3	中旱	$-1.5<\mathrm{SPI}\leqslant-1.0$
4	重旱	$-2.0<\mathrm{SPI}\leqslant-1.5$
5	特旱	$\mathrm{SPI}\leqslant-2.0$

2. 标准化降水蒸散指数

标准化降水蒸散指数(standardized precipitation evapotranspiration index，SPEI)是用于表征某时段降水量与蒸散量之差出现概率多少的指标，该指标适合于半干旱、半湿润地区不同时间尺度干旱的监测与评估。SPEI是假设某时间段降水量与潜在蒸散量之差服从log-logistic概率分布，对其经过正态标准化处理得到的指数。

①计算潜在蒸散(PET)。Vicente-Serrano推荐的是Thornthwaite方法：

$$\mathrm{PET}=16.0\times\left(\frac{10T_i}{H}\right)^A \tag{14-10}$$

式中：PET为潜在蒸散量，此处是指月的潜在蒸散量(mm/月)；T_i为月的平均气温(℃)；H为年热量指数；A为常数。

各月热量指数H_i由下式计算：

$$H_i=\left(\frac{T_i}{5}\right)^{1.514} \tag{14-11}$$

年热量指数H由下式计算：

$$H=\sum_{i=1}^{12}H_i=\sum_{i=1}^{12}\left(\frac{T_i}{5}\right)^{1.514} \tag{14-12}$$

常数A由下式计算：

$$A=6.75\times10^{-7}H^3-7.71\times10^{-5}H^2+1.792\times10^{-2}H+0.49 \tag{14-13}$$

当月平均气温$T_i\leqslant0$℃时，月热量指数$H_i=0$，潜在蒸散量PET=0(mm/月)。

②由下式计算逐月降水量与潜在蒸散量的差值：

$$D_i=P_i-\mathrm{PET}_i \tag{14-14}$$

式中：D_i为降水量与潜在蒸散量的差值(mm)；P_i为月降水量(mm)；PET_i为月潜在蒸散量(mm)。

③对D_i数据序列进行正态化处理，计算每个数值对应的SPEI。由于初始数据序列D_i中可能存在负值，所以SPEI采用了3个参数的log-logistic概率分布。log-logistic概率分布的累积函数如式(14-15)所示：

$$F(x)=\left[1+\left(\frac{\alpha}{x-\gamma}\right)^{\beta}\right]^{-1} \tag{14-15}$$

式(14-15)中的参数α,β,γ分别采用线性矩的方法拟合获得，如式(14-16)～式(14-18)：

$$\alpha=\frac{(W_0-2W_1)\beta}{\Gamma\left(1+\frac{1}{\beta}\right)\Gamma\left(1-\frac{1}{\beta}\right)} \tag{14-16}$$

$$\beta=\frac{2W_1-W_0}{6W_1-W_0-6W_2} \tag{14-17}$$

$$\gamma=W_0-\alpha\Gamma\left(1+\frac{1}{\beta}\right)\Gamma\left(1-\frac{1}{\beta}\right) \tag{14-18}$$

式中：Γ 为阶乘函数；W_0、W_1、W_2 为初始数据序列 D_i 的概率加权矩，计算方法如式(14-19)～式(14-20)：

$$W_s = \frac{1}{N}\sum_{i=1}^{N}(1-F_i)^s D_i \tag{14-19}$$

$$F_i = \frac{i-0.35}{N} \tag{14-20}$$

式中：N 为参与计算的月份数。然后对累积概率密度进行标准化：

$$P = 1 - F(x) \tag{14-21}$$

当累积概率 $P \leqslant 0.5$ 时：

$$W = \sqrt{-2\ln(P)} \tag{14-22}$$

$$\mathrm{SPEI} = W - \frac{c_0 - c_1 W + c_2 W^2}{1 + d_1 W + d_2 W^2 + d_3 W^3} \tag{14-23}$$

式中：$c_0 = 2.515\ 517$；$c_1 = 0.802\ 853$；$c_2 = 0.010\ 328$；$d_1 = 1.432\ 788$；$d_2 = 0.189\ 269$；$d_3 = 0.001\ 308$。

当 $P > 0.5$ 时，P 取值 $1-P$：

$$\mathrm{SPEI} = -\left(W - \frac{c_0 - c_1 W + c_2 W^2}{1 + d_1 W + d_2 W^2 + d_3 W^3}\right) \tag{14-24}$$

依据 SPEI 划分的干旱等级如表 14-2 所示。

表 14-2 SPEI 干旱等级划分表

等级	类型	SPEI
1	无旱	$-0.5 < \mathrm{SPEI}$
2	轻旱	$-1.0 < \mathrm{SPEI} \leqslant -0.5$
3	中旱	$-1.5 < \mathrm{SPEI} \leqslant -1.0$
4	重旱	$-2.0 < \mathrm{SPEI} \leqslant -1.5$
5	特旱	$\mathrm{SPEI} \leqslant -2.0$

四、实习方法和步骤

计算某气象站(纬度 39.8°，海拔 71.8 m)1961—1962 年在 1，3，6，12 个月尺度的 SPI 和 SPEI，实习数据可通过扫描实习十四后的资源下载码下载文件中的(14-1)。下文仅以 1961 年 1 月—12 月地面气象观测数据序列(表 14-3)演示计算过程，其余数据不做展示。

表 14-3 某气象站 1961 年 1 月—12 月气象数据

年	月	平均温度/℃	最高温度/℃	最低温度/℃	平均降水量/mm	日照时数/h	风速/(m·s⁻¹)
1961	1	−2.2	4.7	−7.7	2.5	212.3	2.0
1961	2	2.3	9.9	−3.1	1.8	227.2	1.8
1961	3	8.7	15.7	2.8	44.2	237.0	1.6
1961	4	16.3	24.1	9.2	18.2	291.1	2.2
1961	5	22.4	30.1	14.7	11.7	309.5	2.4
1961	6	25.9	32.7	19.9	28.6	176.0	1.4
1961	7	27.4	32.6	22.9	146.7	256.2	1.2
1961	8	25.4	30.7	21.7	170.0	227.6	0.9
1961	9	20.0	26.6	14.9	63.7	233.0	1.2
1961	10	13.0	17.7	9.7	53.7	123.0	0.7
1961	11	7.0	12.4	3.1	55.0	157.9	1.1
1961	12	−1.9	4.4	−6.2	2.7	196.2	1.4

由于 SPEI 和 SPI 计算比较复杂，Excel 软件较难实现，下文仅讲述编程实现方式。R 语言软件中有专门的 SPEI 软件包，可以直接调用计算，因此本实习讲述 R 语言法实现 SPEI 和 SPI 的计算。将数据存储在 CSV 文档中，第 1～7 列分别为年、月、平均温度(℃)、最高温度(℃)、最低温度(℃)、平均降水量(mm)、日照时数(h)，数据可通过扫描实习十四后的资源下载码下载文件中的(14-1)，代码如下[完整代码可通过扫描实习十四后的资源下载码下载文件中的(14-2)]：

```
#载入R语言包
library(SPEI)
#读入数据并设置列名
data <- read.csv("E:/ HB石家庄.csv")
names(data) <- c("year","month","TMED","TMAX","TMIN","PRCP","TSUN","AWND")
data <- as.data.frame(data)
#计算SPI值
#计算1个月尺度的SPI值
spi1<-spei(ts(data$PRCP,freq=12,start=c(1961,1)),1)
#计算3个月尺度的SPI值
spi3<-spei(ts(data$PRCP,freq=12,start=c(1961,1)),3)
#计算6个月尺度的SPI值
spi6<-spei(ts(data$PRCP,freq=12,start=c(1961,1)),6)
#计算12个月尺度的SPI值
```

```
spi12<-spei(ts(data$PRCP,freq=12,start=c(1961,1)),12)
#整理数据格式
spi1 <- as.data.frame(round(spi1$fitted,digits = 12))
spi3 <- as.data.frame(round(spi3$fitted,digits = 12))
spi6 <- as.data.frame(round(spi6$fitted,digits = 12))
spi12 <- as.data.frame(round(spi12$fitted,digits = 12))
spi<- cbind(data$year,data$month,spi1,spi3,spi6,spi12 )
names(spi) <- c("年","月","spi1","spi3","spi6","spi12")
#输出数据
write.csv(spi,"E:/spi.csv")
#计算SPI值
#Thornthwaite公式计算SPEI值
thodata <- data
thodata <- as.data.frame(thodata)
thodata$PET <- thornthwaite(thodata$TMED, lat=38.03)
thodata$BAL <- thodata$PRCP-thodata$PET
#计算1个月尺度的SPEI值
thospei1<-spei(ts(thodata$PRCP-thodata$PET,freq=12,start=c(1961,1)),1)
#计算3个月尺度的SPEI值
thospei3<-spei(ts(thodata$PRCP-thodata$PET,freq=12,start=c(1961,1)),3)
#计算6个月尺度的SPEI值
thospei6<-spei(ts(thodata$PRCP-thodata$PET,freq=12,start=c(1961,1)),6)
#计算12个月尺度的SPEI值
thospei12<-spei(ts(thodata$PRCP-thodata$PET,freq=12,start=c(1961,1)),12)
#整理数据格式
thospei1 <- as.data.frame(round(thospei1$fitted,digits = 12))
thospei3 <- as.data.frame(round(thospei3$fitted,digits = 12))
thospei6 <- as.data.frame(round(thospei6$fitted,digits = 12))
thospei12 <- as.data.frame(round(thospei12$fitted,digits = 12))
thornthwaite_spei<- cbind(thodata$year,thodata$month,thospei1,thospei3,thospei6,thospei12 )
names(thornthwaite_spei) <- c("年","月","thornthwaite_spei1","thornthwaite_spei3","thornthwaite_spei6","thornthwaite_spei12")
#输出数据
write.csv(thornthwaite_spei,"E:/thornthwaite_spei.csv")
#Penman-Monteith公式计算SPEI值
thodata <- data
thodata <- as.data.frame(thodata)
thodata$PET <- thornthwaite(thodata$TMED, lat=38.03)
thodata$BAL <- thodata$PRCP-thodata$PET
#计算1个月尺度的SPEI值
thospei1<-spei(ts(thodata$PRCP-thodata$PET,freq=12,start=c(1961,1)),1)
```

```
#计算 3 个月尺度的 SPEI 值
thospei3<-spei(ts(thodata $ PRCP-thodata $ PET, freq=12, start=c(1961,1)),3)
#计算 6 个月尺度的 SPEI 值
thospei6<-spei(ts(thodata $ PRCP-thodata $ PET, freq=12, start=c(1961,1)),6)
#计算 12 个月尺度的 SPEI 值
thospei12<-spei(ts(thodata $ PRCP-thodata $ PET, freq=12, start=c(1961,1)),12)
#整理数据格式
thospei1 <- as.data.frame(round(thospei1 $ fitted, digits = 12))
thospei3 <- as.data.frame(round(thospei3 $ fitted, digits = 12))
thospei6 <- as.data.frame(round(thospei6 $ fitted, digits = 12))
thospei12 <- as.data.frame(round(thospei12 $ fitted, digits = 12))
thornthwaite_spei<- cbind(thodata $ Year, thodata $ Month, thospei1, thospei3, thospei6, thospei12 )
names(thornthwaite_spei) <- c("年","月","thornthwaite_spei1","thornthwaite_spei3","thornthwaite_spei6","thornthwaite_spei12")
#输出数据
write.csv(thornthwaite_spei,"E:/Thornthwaite_spei.csv")
```

R 是一套完整的数据处理、计算和制图软件系统，在向量、矩阵运算方面功能非常强大。对于某些专业，R 语言包含了特殊的软件包，可以直接调用计算，如本实例中的 SPEI 软件包、Thornthwaite 软件包等，方便使用。

SPEI 虽然属于气象干旱的范畴，但我们也可以改进指数用来评估农业干旱。比如用 P-M 公式计算参考作物蒸散量，结合作物系数 K_c 计算作物需水量，来取代原先公式中 Thornthwaite 方法计算的潜在蒸散量，有兴趣的读者可以尝试计算一下。当然，任何一种干旱指数的使用都首先需要与历史灾情做对比验证，以评估该指数在某一地区的适用性。

五、实习作业

利用 SPEI 评价某气象站（纬度 39.8°，海拔 71.8 m）1961—2015 年小麦生长季与玉米生长季干旱状况，并将计算结果与 SPI 对比，思考两种综合气象干旱指标的差异。数据可通过扫描实习十四后的资源下载码下载文件中的（14-1）。

实习十四　资源下载码（14-1 至 14-2）

参考文献

[1] 柴荣繁，陈海山，孙善磊. 基于 SPEI 的中国干湿变化趋势归因分析[J]. 气象科学，2018，38(04):423-431.

[2] 刘珂，姜大膀. 基于两种潜在蒸散发算法的 SPEI 对中国干湿变化的分析[J]. 大气科学，2015，39(01):23-36.

[3] 王林，陈文. 标准化降水蒸散指数在中国干旱监测的适用性分析[J]. 高原气象，2014(02):423-431.

[4] 张立杰，李健. 基于 SPEI 和 SPI 指数的西江流域干旱多时间尺度变化特征[J]. 高原气象，2018，37(02):560-567.

[5] 全国气候与气候变化标准化技术委员会. 气象干旱等级:GB/T 20481—2017[S]. 北京:中国标准出版社,2017.

[6] SANTIAGO B，VICENTE-SERRANO S M，REIG F ，et al. Standardized precipitation evapotranspiration index (SPEI) revisited: parameter fitting，evapotranspiration models，tools，datasets and drought monitoring[J]. International Journal of Climatology，2014，34(10):3001-3023.

第五章　应用气候综合分析方法

实习十五　利用敏感性和贡献率分析蒸散变化原因

小引：一般而言，气温的升高会导致蒸散增加，但一些研究和观测结果表明，大部分地区的蒸发呈下降的趋势(这里的观测结果多为基于蒸发皿，也有一些研究者指出蒸发皿蒸发只是有限水面的自由蒸发，严格意义上它是代表一个地区接受太阳能量多少的指标，不能代表水分变化，这一点在干旱和半干旱地区体现得尤为明显。而陆地表面的实际蒸发才是衡量水分变化的客观变量，两者有联系但不能相互替代)。这就是著名的"蒸发悖论"(pan evaporation paradox，一译为"蒸发谬论")，即全球变暖可能导致蒸发潜力增加的猜测与全球(尤其是北半球)实际的蒸发显著减少的观测事实相矛盾。实际影响蒸散的因素有很多，主要为风速、日照时数、相对湿度和平均温度等，且区域间有差别。因此，我们可以基于 Penman-Monteith 方法计算的参考作物蒸散量(ET_0)，利用敏感性和贡献率法分析气候变化背景下主要气象因子对 ET_0 的影响，

一、实习目的

掌握敏感性和贡献率分析蒸散变化原因的方法。

二、实习内容

基于某气象站点 1961—2015 年逐日的气象资料，计算风速、日照时数、相对湿度和平均温度的变化对该地区参考作物蒸散变化的贡献率，找出影响该地区蒸散变化的主要气象因子。

三、实习原理和计算方法

1. 敏感性分析方法

因子敏感性是表征一个或几个相关影响因子发生变化时，对因变量影响程度的定量参数。ET_0 是各气象因子综合作用的结果，研究气候因子的敏感系数已成为判断气象因子对 ET_0 扰动的有效方法，并得到广泛应用。本实习采用 Beven 提出的基于偏导数的敏感性方法计算 ET_0 对气象因子(平均温度、相对湿度、风速、日照时数)的敏感系数，考虑到 P-M 公式输入参数量纲和变化范围差异，将偏导数转化为无量纲的形式，也即 ET_0 的变化率和气象因子变化率的比值：

$$S_{Vi}=\lim_{\Delta V_i\to 0}\left(\frac{\frac{\Delta ET_0}{ET_0}}{\frac{\Delta V_i}{V_i}}\right)=\frac{\Delta ET_0}{\Delta V}\times\frac{V_i}{ET_0} \tag{15-1}$$

式中：S_{Vi} 代表相应气象因子的敏感系数；ET_0、ΔET_0 分别为逐日参考作物蒸散量及其日变化量；V_i、ΔV_i 分别为日气象要素值及其日变化量。

敏感系数 S_{Vi} 为正值时，表示 ET_0 随着气象因子值的增加而增加；反之，则表示 ET_0 与气象因子变化呈负相关。S_{Vi} 绝对值越大，表示 ET_0 对该气象因子的变化的敏感度越高。

实际上，敏感性方法是把因变量变化与自变量变化的比值绘成曲线来描述敏感系数的特征。原点处一定线性范围内的敏感系数足够精确，可以代替敏感曲线的斜率。这一范围的大小取决于曲线的非线性程度：曲线为线性，则敏感系数可以描述气候变量扰动引起的 ET_0 变化；曲线呈明显非线性，则敏感系数应用局限于较小的气候变量扰动。

本实习中 ΔV_i 取10%进行计算，即 $\Delta V_i=0.1V_i$。以日照时数为例，保持其他气象因子不变，逐日日照时数变为 $V_{sun}-\Delta V_{sun}=0.9V_{sun}$，计算此时的逐日 $ET_{0(sun)}$，则 $\Delta ET_0=ET_0-ET_{0(sun)}$。

2. 气象因子的贡献率计算

某一气象要素的贡献率是该因子的多年相对变化率与敏感系数的乘积，即：

$$G_{Vi}=S_{Vi}\cdot R_{Vi} \tag{15-2}$$

式中：G_{Vi} 为气象因子 V_i 对某一对象变化的贡献率；S_{Vi} 为气象因子的敏感系数；R_{Vi} 为气象因子多年相对变化率。

R_{Vi} 依据实习一气候倾向率计算：

$$R_{Vi}=\frac{\Delta V_i}{\overline{V_i}}\cdot S_{Vi}=n\cdot\frac{\mathrm{Trend}_{Vi}}{\overline{V_i}}\cdot S_{Vi} \tag{15-3}$$

式中：Trend_{Vi} 为气象因子 V_i 的气候倾向率；$\overline{V_i}$ 为气象因子的多年平均值；n 为研究时段。

贡献率大于0，则表明该气象因子的变化引起参考作物蒸散增加，为正贡献；反之，则为负贡献。

四、实习方法和步骤

利用北京密云（纬度39.8°，海拔71.8 m）1961—2015年逐日气象资料，利用敏感性和贡献率法，分析气候变化背景下主要气象因子（平均温度、日照时数、风速、相对湿度）对 ET_0 的影响，实习数据可通过扫描实习十五后的资源下载码下载文件中的(15-1)。下文仅以1961年1月1日—10日地面气象观测数据序列（表15-1）演示计算过程，其余数据不做展示。

表 15-1 气象站点 1961 年 1 月地面气象观测数据(局部)

年	月	日	平均温度/℃	最高温度/℃	最低温度/℃	相对湿度/%	风速/$(m \cdot s^{-1})$	日照时数/h	大气压/10 Pa
1961	1	1	−8.6	0.7	−14.7	41	2.0	7.7	10 176
1961	1	2	−6.7	1.7	−12.9	45	1.0	6.4	10 113
1961	1	3	−5.2	1.2	−8.9	20	3.3	7.5	10 182
1961	1	4	−9.8	−1.2	−16.7	32	2.0	7.9	10 238
1961	1	5	−6.3	−3.2	−11.9	21	4.7	6.9	10 249
1961	1	6	−8.7	−0.7	−16.6	32	1.7	7.7	10 202
1961	1	7	−6.5	3.5	−14.2	38	2.3	7.5	10 130
1961	1	8	−6.3	2.5	−13.0	32	2.7	5.7	10 110
1961	1	9	−6.2	1.5	−13.0	48	2.7	3.8	10 189
1961	1	10	−9.9	−5.4	−13.7	18	3.0	7.4	10 319

1. Excel 实现

步骤 1:按照实习十采用的 P-M 方法计算密云站 1961—2015 年逐日的蒸散量,记为 $ET_{0(原始)}$。

步骤 2:保持其他气象因子不变,逐日平均温度、最高温度、最低温度减少 10%,采用 P-M 方法计算此时的逐日蒸散量,记为 $ET_{0(T)}$,同理,计算 $ET_{0(sun)}$,$ET_{0(w)}$,$ET_{0(RH)}$。下角的 T,sun,w,RH 分别代表平均温度、日照时数、风速和相对湿度。计算值如表 15-2 所示。

注:P-M 公式中涉及平均温度、最高温度和最低温度,因此在计算温度敏感系数时,平均温度的变化也意味着最高、最低温度的变化。此处变化需要注意,当温度≥0℃时,变化后的值为原值的 0.9 倍;当温度<0℃时,变化后的值为原值的 1.1 倍。此处在 Excel 里可以借助 IF 公式实现:若数字在 A1 单元格,要显示的结果在 B1 单元格,在 B1 处输入:=IF(A1>=0,A1*0.9,A1*1.1)。

表 15-2 变换气象要素后的逐日蒸散量 mm

年	月	日	ET_0	$ET_{0(T)}$	$ET_{0(sun)}$	$ET_{0(w)}$	$ET_{0(RH)}$
1961	1	1	0.771	0.754	0.777	0.723	0.812
1961	1	2	0.524	0.515	0.531	0.494	0.549
1961	1	3	1.471	1.435	1.481	1.380	1.502
1961	1	4	0.779	0.758	0.784	0.731	0.807
1961	1	5	1.376	1.319	1.382	1.306	1.408
1961	1	6	0.725	0.709	0.731	0.680	0.750
1961	1	7	1.004	0.971	1.010	0.943	1.053
1961	1	8	1.168	1.132	1.173	1.099	1.213
1961	1	9	0.911	0.888	0.913	0.863	0.978
1961	1	10	1.021	0.966	1.026	0.963	1.039

步骤 3：分别计算逐日的 $\Delta ET_{0(T)}$，$\Delta ET_{0(sun)}$，$\Delta ET_{0(w)}$，$\Delta ET_{0(RH)}$，则敏感系数 $S_{Vi}=\Delta ET_{0(Vi)}/ET_0\times 10$（因为实习中 ΔV_i 取 10%计算），分别计算平均温度、日照时数、风速、相对湿度的敏感系数 S_T、S_{sun}、S_w、S_{RH}，如表 15-3 所示。将逐日的敏感系数平均可以得到月、季节或年的平均敏感系数。可以看到，ET_0 对不同气象因子的变化的敏感度是不同的，且不同月份或者季节，ET_0 对同一气象因子的变化的敏感度也存在差别。

表 15-3 不同气象要素的逐日敏感系数

年	月	日	$\Delta ET_{0(T)}$ /mm	$\Delta ET_{0(sun)}$ /mm	$\Delta ET_{0(w)}$ /mm	$\Delta ET_{0(RH)}$ /mm	S_T	S_{sun}	S_w	S_{RH}
1961	1	1	0.017	−0.006	0.047	−0.042	0.227	−0.077	0.615	−0.539
1961	1	2	0.010	−0.006	0.031	−0.025	0.187	−0.119	0.582	−0.476
1961	1	3	0.036	−0.010	0.090	−0.031	0.251	−0.066	0.615	−0.212
1961	1	4	0.021	−0.005	0.048	−0.028	0.276	−0.070	0.618	−0.364
1961	1	5	0.058	−0.006	0.070	−0.032	0.437	−0.041	0.512	−0.233
1961	1	6	0.016	−0.006	0.045	−0.025	0.224	−0.078	0.618	−0.339
1961	1	7	0.033	−0.006	0.061	−0.049	0.345	−0.059	0.608	−0.483
1961	1	8	0.036	−0.005	0.069	−0.045	0.318	−0.041	0.589	−0.387
1961	1	9	0.023	−0.002	0.048	−0.066	0.263	−0.023	0.523	−0.730
1961	1	10	0.055	−0.005	0.058	−0.018	0.567	−0.046	0.570	−0.180

步骤 4：计算气象因子的贡献率。由逐日的气象数据和敏感系数平均得到各气象要素的年平均温度、年日照时数、年风速、年相对湿度以及年敏感系数，进而得到多年平均值。根据实习一方法计算 1961—2015 年的年平均温度、日照时数、风速、相对湿度的气候倾向率，将数据填入表 15-4 中。依据贡献率计算公式：$G_{Vi}=S_{Vi}\cdot R_{Vi}=S_{Vi}\cdot n\cdot\dfrac{\mathrm{Trend}_{Vi}}{\overline{Vi}}$，可计算得到各气象因子对 ET_0 变化的贡献率。结果表明，该地区出现了"蒸发悖论"，参考作物蒸散 ET_0 呈下降的趋势，气候倾向率为−14.0 mm/10 a，1961—2015 年约减少了 13.1%。其中，平均温度的变化导致 ET_0 增加，为正贡献，贡献率为 4.9%，即平均温度的变化能解释 ET_0 变化中的 5.0%，相对湿度、风速和日照时数的变化均导致 ET_0 减少，贡献率分别为 −1.1%，−12.5% 和−1.0%，可见该地区 ET_0 减少主要是由风速减少引起的。

表 15-4 1961—2015 年不同气象要素气候倾向率、多年平均值、多年相对变化率以及敏感系数多年平均值、贡献率

项目	平均温度	相对湿度	风速	日照时数	参考作物蒸散
气象要素气候倾向率	0.16℃·(10 a)$^{-1}$	0.15%·(10 a)$^{-1}$	−0.12 m·s^{-1}·(10 a)$^{-1}$	−0.43 h·(10 a)$^{-1}$	−14.00 mm·(10 a)$^{-1}$
气象要素多年平均值	11.16℃	58.82%	2.29 m·s^{-1}	6.98 h	577.70 mm
气象要素多年相对变化率	0.08	0.01	−0.28	−0.34	−0.13
敏感系数多年平均值	0.62	−0.79	0.45	0.03	
贡献率	4.99%	−1.13%	−12.55%	−1.03%	

2. MATLAB 编程实现

将数据存储在 Excel 文档中，第 1～10 列分别为年、月、日、平均温度(℃)、最高温度(℃)、最低温度(℃)、相对湿度(%)、风速($m \cdot s^{-1}$)、日照时数(h)、大气压(10 Pa)，如表 15-1 所示，数据须为一整年的数据。

①计算 1961—2015 年逐日蒸散量 ET_0 以及变换气象要素后的逐日蒸散量的代码与实习十基本一致，因此本章节仅以平均温度为例[完整代码可通过扫描实习十五后的资源下载码下载文件中的(15-2)]：

```
clear %清空环境变量
clc  %清空窗口内容
pi=3.1415926;%圆周率 Pi
sten=4.903e-9;%斯蒂芬-玻尔兹曼常数
lat1=39.8;%纬度,根据具体地理位置修改
h=71.8;%海拔,根据具体地理位置修改
[filename filepath]=uigetfile('*.*','请选择文件');%filename 为文件名,filepath 为文件路径
if isequal(filename,0)
msgbox('您没有正确选择文件夹');
      return;
end
Data=xlsread([filepath, filename]); %读取文件,并赋值给矩阵 Data
%---------添加日序------------
xu(1,1)=1;%日序
for i=2:length(Data)
    if Data(i,2)==Data(i-1,2)
        xu(i,1)=xu(i-1,1)+1;
    else
        xu(i,1)=1;
    end
end
%----------------------------------
lat=lat1*pi/180;%纬度转化为弧度制
tmax=Data(:,5);%日最高温度
tmin=Data(:,6);%日最低温度
taver=Data(:,4);%日平均温度
rh=Data(:,7);%相对湿度
wind=Data(:,8);%10 米处风速
wind=wind*4.87/log(678-5.42);%2 米处风速
sun=Data(:,9);%日照时数
p=Data(:,10)/100;%大气压
r=p*0.000665;%干湿球常数
v=4098*(0.6108*exp(17.27*taver./(237.3+taver)))./(taver+237.3)...
  ./(taver+237.3);%水汽压-温度曲线的斜率?值
```

```
es=0.6108*exp(17.27*tmin./(237.3+tmin))*0.5+...
  0.6108*exp(17.27*tmax./(237.3+tmax))*0.5;%饱和水汽压es
eal=es.*rh/100;%实际水汽压ea
dr=1+0.033*cos(2*pi*xu/365);%地球轨道偏心率订正系数
s=0.409*sin(2*pi*xu/365-1.39);%太阳赤纬
ws=acos(-tan(lat)*tan(s));%日落时角
ra=24*60/pi*0.082*dr.*((ws*sin(lat).*sin(s))...
    +cos(lat)*cos(s).*sin(ws));%天文辐射日总量Ra
rso=(0.75+0.00002*h)*ra;%晴空太阳辐射
suno=24*ws/pi;%可能最大日照时数
rs=(0.25+0.5*sun./suno).*ra;%地表太阳辐射
rns=0.77*rs;%地表净短波辐射
rnl=sten*0.5*((tmax+273.16).^4+(tmin+273.16).^4).*(0.34-0.14*sqrt(eal))...
  .*(1.35*rs./rso-0.35); %Rnl为地表净长波辐射
rn=rns-rnl;%地表净辐射
ET=(0.408*v.*rn+r*900.*wind./(taver+273).*(es-eal))./...
  (v+r.*(1+0.34*wind));%日参考作物蒸散ET0(原始)
%---------变化平均温度---------------------------------
tmax=Data(:,5);%日最高温度
tmax(tmax>0)=tmax(tmax>0)*0.9;
tmax(tmax<0)=tmax(tmax<0)*1.1;
tmin=Data(:,6);%日最低温度
tmin(tmin>0)=tmin(tmin>0)*0.9;
tmin(tmin<0)=tmin(tmin<0)*1.1;
taver=Data(:,4);%日平均温度
taver(taver>0)=taver(taver>0)*0.9;
taver(taver<0)=taver(taver<0)*1.1;
rh=Data(:,7);%相对湿度
wind=Data(:,8);%10米处风速
wind=wind*4.87/log(678-5.42);%2米处风速
sun=Data(:,9);%日照时数
p=Data(:,10)/100;%大气压
r=p*0.000665;%干湿球常数
v=4098*(0.6108*exp(17.27*taver./(237.3+taver)))./(taver+237.3)...
  ./(taver+237.3);%水汽压-温度曲线的斜率?值
es=0.6108*exp(17.27*tmin./(237.3+tmin))*0.5+...
  0.6108*exp(17.27*tmax./(237.3+tmax))*0.5;%饱和水汽压es
eal=es.*rh/100;%实际水汽压ea
dr=1+0.033*cos(2*pi*xu/365);%地球轨道偏心率订正系数
s=0.409*sin(2*pi*xu/365-1.39);%太阳赤纬
ws=acos(-tan(lat)*tan(s));%日落时角
ra=24*60/pi*0.082*dr.*((ws*sin(lat).*sin(s))...
    +cos(lat)*cos(s).*sin(ws));%天文辐射日总量Ra
```

```
rso=(0.75+0.00002*h)*ra;%晴空太阳辐射
suno=24*ws/pi;%可能最大日照时数
rs=(0.25+0.5*sun./suno).*ra;%地表太阳辐射
rns=0.77*rs;%地表净短波辐射
rnl=sten*0.5*((tmax+273.16).^4+(tmin+273.16).^4).*(0.34-0.14*sqrt(ea1))...
   .*(1.35*rs./rso-0.35); %Rnl为地表净长波辐射
rn=rns-rnl;%地表净辐射
ET_T=(0.408*v.*rn+r*900.*wind./(taver+273).*(es-ea1))./...
   (v+r.*(1+0.34*wind));%日参考作物蒸散 ET_T(变换温度后的蒸散)
```

②通过编程计算得到原始和变换气象要素后的逐日蒸散量 ET_0，分别以 ET，ET_T，ET_sun，ET_w 和 ET_RH 表示。接下来计算气象要素的敏感系数。

```
St=(ET-ET_T)./ET*10;%温度敏感系数
Ssun=(ET-ET_sun)./ET*10;%日照时数敏感系数
Sw=(ET-ET_w)./ET*10;%风速敏感系数
Srh=(ET-ET_RH)./ET*10;%相对湿度敏感系数
```

③计算气候要素倾向率与相对变化率，进而计算贡献率。

```
%--------------计算年平均值--------------------------------
Sen=[Data,ET,St,Srh,Sw,Ssun];
year=Sen(1,1);
j=1;
while year<Sen(end,1)+1
    Sen_year=Sen(find(Sen(:,1)==year),:);
    Data_year(j,1)=year;
    Data_year(j,2)=mean(Sen_year(:,4));%平均温度平均值
    Data_year(j,3)=mean(Sen_year(:,7));%相对湿度平均值
    Data_year(j,4)=mean(Sen_year(:,8));%风速平均值
    Data_year(j,5)=mean(Sen_year(:,9));%日照时数平均值
  Data_year(j,6)=sum(Sen_year(:,11));%年蒸散量
  Data_year(j,7:10)=mean(Sen_year(:,12:15));%温度、日照、风速、湿度敏感系数年均值
    j=j+1;
    year=year+1;
end
%--------------计算贡献率------------------------------------
for i=1:5p=polyfit(Data_year(:,1),Data_year(:,i+1),1);
%拟合方程,p(1)为拟合方程的回归系数b,p(2)为截距a
result(1,i)=p(1)*10;
%第一行为倾向率,分别为温度、相对湿度、风速、日照时数、蒸散
end
result(2,:)=mean(Data_year(:,2:6));%第二行为气象要素多年平均值
result(3,:)=result(1,:)*5.5./result(2,:);%第三行为气象要素多年变化率
result(4,1:4)=mean(Data_year(:,7:10));%第四行为气象要素敏感系数多年平均值
```

```
result(5,1:4)=result(4,1:4).*result(3,1:4)*10;%第五行为气象要素贡献率
```

最终结果保存在 result 数组中,形如表 15-4,具体的中间变量也可以查看。

五、实习作业

利用敏感性和贡献率方法分析西藏泽当地区 1961—2015 年蒸散变化原因,讨论其影响蒸散变化的主要气象因素与北京地区的异同。气象数据可通过扫描实习十五后的资源下载码下载文件中的(15-3)。

实习十五 资源下载码(15-1 至 15-3)

参考文献

[1] 曹雯,申双和,段春锋.西北地区近 49 年生长季参考作物蒸散量的敏感性分析[J].中国农业气象,2011(03):375-381.

[2] 胡琦,董蓓,潘学标,等.1961—2014 年中国干湿气候时空变化特征及成因分析[J].农业工程学报,2017,33(06):124-132+315.

[3] 李思思,张飞云,白磊,等.北疆地区生长季参考作物蒸散量的时空变化特征及其敏感性分析[J].中国农业气象,2015,36(06):683-691.

[4] 王晓东,马晓群,许莹,等.淮河流域参考作物蒸散量变化特征及主要气象因子的贡献分析[J].中国农业气象,2013,34(06):661-667.

[5] 杨永刚,崔宁博,胡笑涛,等.中国粮食主产区参考作物蒸散量演变特征与成因分析[J].中国农业气象,2018,39(04):245-255.

实习十六　华北平原麦玉两熟种植制度下夏玉米理论播期计算

小引：华北平原种植制度多为冬小麦-夏玉米一年两熟制，在华北平原北部地区，受热量资源限制，夏播玉米生长季节短，一般只能种植生育期为 90 d 左右的早熟作物品种。为了争取足够的热量，使玉米充分成熟获得较高产量，及时收获又不误后茬小麦正常播种，夏播玉米的播种期要求越早越好。即冬小麦收获后立即旋耕灭茬，随后播种，或收获小麦后立即用硬茬播种机播种。

如果由于墒情或其他原因使夏播作物不能及时播种，就会使作物的生育期后延，生育后期遇到低温或积温不足而不能正常成熟，造成减产。近年来，许多研究表明，气候变暖使得作物生长季延长，作物熟性品种和种植界限也随之发生变化。但是，我们不能盲目地引种或扩种，需要根据当地的热量条件，分析并确定当地麦玉两熟种植制度下合适的夏玉米熟性品种，同时还应确定出夏玉米弹性播种期范围，从而为当地农业生产合理选择夏播作物品种进行种植提供气候依据。

一、实习目的

基于北京密云气象站点 1961—1980 年逐日的气象资料，通过确定当地夏玉米熟性品种和理论播期，学习确定农业气候指标和进行农业气候分析的方法。

二、实习内容

①计算北京地区冬小麦理论最晚播种期；

②计算夏玉米最早播种期至最晚收获期的≥10℃积温；

③计算保证率为 80%下的最早播种期至收获期的≥10℃积温，确定夏玉米熟性品种；

④确定不同熟性品种保证率为 80%下的最晚播种期。

三、实习原理和计算方法

1. 推算冬小麦理论越冬期及最晚播种期

研究区种植制度多为冬小麦-夏玉米轮作体系，因此要得到夏玉米理论播种期及收获期，需先推算冬小麦理论越冬期及最晚播种期。

①理论越冬期计算：平均气温低于 0℃时，冬小麦植株地上部分基本停止生长并进入越冬期。因此，采用五日滑动平均法确定平均气温稳定≥ 0℃的终日日期，该日期的后一天作为越冬期初日。

②最晚播种期计算：华北平原冬麦区一般分为北部冬性麦区（Ⅰ区）及弱冬性和弱春性麦区（Ⅱ区）。Ⅰ区属于北部冬麦区，包括河北省境内长城以南的廊坊、保定、沧州、唐山、秦皇岛市全部以及京津两市全部；Ⅱ区大部分属于黄淮冬麦区，包括山东省和河南省全部以及河北省

中、南部。Ⅰ区冬小麦冬前形成高产壮苗需要的≥0℃积温最适范围为550～600℃·d,Ⅱ区为500～550℃·d。

根据该指标,由越冬期初日开始向前推算≥0℃的积温,直至越冬前的积温达到所需积温(本实习统一取550℃·d),由此得到冬小麦的理论播种期。

一般而言,冬小麦返青—成熟所需积温应高于2 200℃·d,因此我们可以计算冬小麦理论返青期,并由返青期初日开始向后推算≥0℃的积温,直至此后的积温达到成熟,由此得到冬小麦的理论收获期,有兴趣的读者可以根据气象资料演算一下。华北地区冬小麦一般在5月底至6月中下旬收获,本实习冬小麦收获期假定在6月8日。

2.计算夏玉米最早播种期至最晚收获期的≥10℃积温

在现有的技术条件下,预留2 d的整地灌溉时间,将冬小麦播种期提前2 d作为夏玉米的最晚收获期HDate1,冬小麦的收获期推后2 d作为夏玉米的最早播种期SDate,本实习取6月10日。

决定某地种植的玉米能否成熟的热量条件是:①生长期中能否有足够的热量满足玉米品种对总热量的要求;②玉米籽粒成熟过程中是否处于低于灌浆成熟的下限温度。

不同熟性玉米品种所需的积温值如表16-1所示,本实习中玉米籽粒灌浆的下限温度取16℃。

因此,首先采取五日滑动平均法计算平均气温稳定≥16℃的终日日期,将此日期与夏玉米最晚收获期HDate1对比,取日期靠前者为最晚收获期HDate。

计算最早播种期SDate至最晚收获期HDate之间≥10℃积温的平均值。

3.计算保证率为80%下的最早播种期至收获期的≥10℃积温,确定夏玉米熟性品种

计算逐年的最早播种期至收获期的≥10℃积温,按经验频率法计算保证率为80%下的≥10℃积温值,根据表16-1,确定该地区夏玉米可种植的玉米熟性品种。一般而言,热量条件允许的条件下,种植较晚熟的熟性品种,产量和品质更高。

4.确定不同熟性品种保证率为80%下的最晚播种期

根据不同熟性的玉米成熟所需积温和生育期天数(表16-1),由玉米的最晚收获期向前推算,直至≥10℃积温达到所需积温,可得到不同熟性的夏玉米最晚播种期。

根据逐年的夏玉米最晚播种期计算结果,用经验频率法计算即可得到不同熟性品种保证率为80%下的最晚播种期。

表16-1 不同熟性玉米品种所需的积温值

类型	早熟	中早熟	中熟	晚熟
$\sum t \geqslant 10℃/(℃\cdot d)$	[2 100,2 300)	[2 300,2 500)	[2 500,2 800)	≥2 800
生育期天数/d	85～90	95～100	105～120	>120
品种	京早7号,京早8号	掖单4号,农大60号	京黄417号,丹玉6号、13号,中单2号,先玉335号	京单6号

四、实习方法和步骤

利用北京密云(纬度 39.8°,海拔 71.8 m)1961—1980 年逐日平均温度气象资料,计算该地区麦玉两熟种植制度下夏玉米理论播期,实习数据可通过扫描实习十六后的资源下载码下载文件中的(16-1)。下文仅以 1961 年 1 月 1 日—10 日地面气象观测数据序列(表 16-2)演示计算过程,其余数据不做展示。

表 16-2　气象站点 1961 年 1 月地面气象观测数据(局部)

年	月	日	平均温度/℃
1961	1	1	−8.6
1961	1	2	−6.7
1961	1	3	−5.2
1961	1	4	−9.8
1961	1	5	−6.3
1961	1	6	−8.7
1961	1	7	−6.5
1961	1	8	−6.3
1961	1	9	−6.2
1961	1	10	−9.9

1. Excel 实现

步骤 1:按照实习五内容,采用五日滑动平均法计算密云站 1961—1980 年 0℃和 16℃界限温度终止日期(以日序表示)。以 1961 年为例,计算可得 0℃界限温度终日和 16℃界限温度终日的日序分别为第 336 天和第 270 天。

步骤 2:以 1961 年为例,由 0℃界限温度终日(越冬期初日,日序第 336 天)开始向前推算≥0℃的积温,直至越冬前的积温达到所需积温(本实习统一取 550℃ · d,注意,向前推算≥0℃的积温只累加大于 0℃的温度,如 11 月 30 日温度为−0.3℃,则不计入积温),由此得到冬小麦的理论播种期的日序为第 271 天(表 16-3)。将冬小麦播种期提前 2 d 作为夏玉米的最晚收获期 HDate1,即第 269 天;将步骤 1 计算的 16℃界限温度终日日期与 HDate1 对比,取日期靠前者为最晚收获期 HDate,即第 269 天。

表 16-3 推算冬小麦理论播种期

	年	月	日	平均温度/℃	日序	倒推≥0℃积温
冬小麦理论播种期	1961	9	28	15.7	271	555.3
	1961	9	29	14.1	272	539.6
	1961	9	30	14	273	525.5
	1961	10	1	14.3	274	511.5
	⋮	⋮	⋮	⋮	⋮	⋮
	1961	11	27	3.9	331	13
	1961	11	28	4.2	332	9.1
	1961	11	29	2.3	333	4.9
	1961	11	30	−0.3	334	2.6
	1961	12	1	2.2	335	2.6
0℃界限温度终日	1961	12	2	0.4	336	0.4

步骤 3:计算夏玉米最早播种期至最晚收获期的≥10℃积温。以 1961 年为例,夏玉米最早播种期日序为第 161 天(6 月 10 日),最晚收获期 HDate 日序为第 269 天,逐日累加≥10℃气温,计算得到期间≥10℃积温为 2 626.3℃ · d。按照同样的方法,可以计算 1961—1980 年逐年的结果,如表 16-4 所示。

表 16-4 1961—1980 年麦玉两熟种植制度下夏玉米理论播期计算中间参数

年份	0℃界限温度终日日序	16℃界限温度终日日序	冬小麦理论播种期日序	夏玉米的最晚收获期 HDate1	修正后的夏玉米最晚收获期 HDate	播种期至收获期的≥10℃积温/(℃ · d)
1961	336	270	271	269	269	2 626.3
1962	322	265	268	266	265	2 606.6
1963	328	266	270	268	266	2 642.6
1964	334	260	271	269	260	2 391.7
1965	327	276	273	271	271	2 624.9
1966	323	275	270	268	268	2 554.0
1967	315	270	267	265	265	2 480.5
1968	312	266	265	263	263	2 499.4
1969	318	268	266	264	264	2 413.6
1970	324	267	270	268	267	2 484.0
1971	331	272	274	272	272	2 622.5
1972	324	265	268	266	265	2 536.8
1973	331	268	266	264	264	2 416.1
1974	315	258	262	260	258	2 360.1
1975	325	279	272	270	270	2 662.2
1976	315	273	266	264	264	2 311.2
1977	330	261	272	270	261	2 369.1
1978	330	275	271	269	269	2 559.4
1979	315	264	271	269	264	2 357.7
1980	336	263	271	269	263	2 439.9

步骤 4:按照实习四内容,采用经验频率法计算保证率为 80%下的最早播种期至收获期的≥10℃积温为 2 373℃·d,确定该地区夏玉米熟性品种为中早熟品种。

步骤 5:根据中早熟品种玉米成熟所需积温(2 300℃·d)和生育期天数(95~100 d)(表 16-1),由玉米的最晚收获期 HDate 向前推算,逐日累加≥10℃气温,直至≥10℃积温达到所需积温,可得到该地区夏玉米最晚播种期,再采用经验频率法即可计算得到保证率为 80%下的最晚播种期,结果为日序的第 164~165 天,如表 16-5 所示。

表 16-5　1961—1980 年夏玉米最晚播种期及保证率计算

年份	夏玉米最晚播种期日序	最晚播种期由大到小排序	序号	保证率/%
1961	173	175	1	4.8
1962	172	174	2	9.5
1963	174	174	3	14.3
1964	166	173	4	19.0
1965	174	173	5	23.8
1966	171	172	6	28.6
1967	169	171	7	33.3
1968	170	171	8	38.1
1969	166	171	9	42.9
1970	169	170	10	47.6
1971	173	169	11	52.4
1972	171	169	12	57.1
1973	166	167	13	61.9
1974	163	166	14	66.7
1975	175	166	15	71.4
1976	162	166	16	76.2
1977	164	164	17	81.0
1978	171	163	18	85.7
1979	163	163	19	90.5
1980	167	162	20	95.2

至此计算完毕。

2. MARLAB 编程实现

将数据存储在 Excel 文档中,第 1~4 列分别为年、月、日、平均温度(℃),数据可通过扫描实习十六后的资源下载码下载文件中的(16-1),代码如下[完整代码可通过扫描实习十六后的资源下载码下载文件中的(16-2)]:

```
clear %清空环境变量
clc  %清空窗口内容
[filename filepath]=uigetfile('*.*','请选择文件');%filename 为文件名,filepath 为文件路径
if isequal(filename,0)
```

```
msgbox('您没有正确选择文件夹');
        return;
end
Data=xlsread([filepath, filename]); %读取文件,并赋值给矩阵 Data
Time_window=2;%玉米(小麦)收获后预留整地时间
Wheat_sowing_AT=550;%冬小麦冬前积温需求
Wheat_harvest_Date=159;%冬小麦收获时间 6 月 8 日,若闰年则为 160
Maize_V=[2100,2300,2700,3000;
          85,95,105,120 ];%不同熟性玉米积温和生育期天数
GR=0.8;%80%保证率,可以自行修改
year=1961;%开始的年份
k=1;%迭代次数标记
while year<1981
    Data_year=Data(find(Data(:,1)==year),:);
t=Data_year(:,4);
  rows=size(t,1);
  %-----计算 0℃界限温度终日-------------------------------------------------
  if rows==365 || rows==366;
      jw=0.0; %指定界限温度
      ht=zeros(rows-4,1);
      for i=1:rows-4
            ht(i)=mean(t(i:i+4));
      end
      [maxt,maxn]=max(ht);%求五日滑动气温最高值及对应的日序
      if maxt<jw; %两种特殊情况:一年中五日滑动气温全部大于或小于界限温度
          churi=0;
          zhongri=0;
      end
      [mint1,minn1]=min(ht(1:maxn));
      if mint1>=jw;
          churi=1;
      end
      [mint2,minn2]=min(ht(maxn+1:end));
      if mint2>=jw;
           zhongri=rows;
      end
      %终日
      if maxt>=jw && mint2<jw
          zr=ht(maxn+1:maxn+minn2)>=jw;
          ind1=find(diff([1;zr])==-1);
          ind2=find(t(maxn+ind1(1)-1:maxn+ind1(1)+3)>=jw==1);
          zhongri=maxn+ind1(1)-1+ind2(end)-1;
      end
```

```
        end
    Result(k,1)=year; %年份
    Result(k,2)=zhongri; % 0℃界限温度终日
    %------------------------------------------------------------------
    %-----计算 16℃界限温度终日--------------------------------------------
    if rows==365 || rows==366;
            jw=16.0; %指定界限温度
            ht=zeros(rows-4,1);
            for i=1:rows-4
                ht(i)=mean(t(i:i+4));
            end
            [maxt,maxn]=max(ht);%求五日滑动气温最高值及对应的日序
            if maxt<jw; %两种特殊情况:一年中五日滑动气温全部大于或小于界限温度
                churi=0;
                zhongri=0;
            end
            [mint1,minn1]=min(ht(1:maxn));
            if mint1>=jw;
                churi=1;
            end
            [mint2,minn2]=min(ht(maxn+1:end));
            if mint2>=jw;
                zhongri=rows;
            end
            %终日
            if maxt>=jw && mint2<jw
                zr=ht(maxn+1:maxn+minn2)>=jw;
                ind1=find(diff([1;zr])==-1);
                ind2=find(t(maxn+ind1(1)-1:maxn+ind1(1)+3)>=jw==1);
                zhongri=maxn+ind1(1)-1+ind2(end)-1;
            end
        end
    Result(k,3)=zhongri;% 16℃界限温度终日
    %------------------------------------------------------------------
    %-------------倒推≥0℃的积温,计算冬小麦播种期--------------------------
    AT=0;
    j=Result(k,2);%0℃界限温度终日
    t(t<0)=0;
    while AT<=Wheat_sowing_AT
        AT=AT+t(j);
        j=j-1;
    end
    Result(k,4)=j+1;%冬小麦理论播种期
```

```
Result(k,5)=Result(k,4)-Time_window;%夏玉米的最晚收获期 HDate1
Result(k,6)=min(Result(k,3),Result(k,5));%修正后的夏玉米最晚收获期 HDate
%-----------播种期至收获期的≥10℃积温-----------------------------------
t(t<10)=0;
if rows==365
    Result(k,7)=sum(t(Wheat_harvest_Date+Time_window:Result(k,6)));
else
    Result(k,7)=sum(t(Wheat_harvest_Date+Time_window+1:Result(k,6)));
end
year=year+1;
k=k+1;
end
%----------------80%保证率下的≥10℃积温---------------------------------
Paixu=sort(Result(:,7),'descend');%将温度列从大到小排序
num=GR*(length(Paixu)+1);%GR保证率时元素的序号
num1=floor(num);%向下取整
GR_AT10=(Paixu(num1,1)-Paixu(num1+1,1))*(-1)*(num-num1)+Paixu(num1,1);
%-----------计算夏玉米最晚播种期-----------------------------------------
Maize_AT=2300;%玉米成熟所需积温,可根据实际确定情况修改
k=1;
for year=1961:1980
    Data_year=Data(find(Data(:,1)==year),:);
    t=Data_year(:,4);
AT10=0;
j=Result(k,6);%修正后的夏玉米最晚收获期 HDate
t(t<10)=0;
while AT10<=Maize_AT
    AT10=AT10+t(j);
    j=j-1;
end
Result(k,8)=j+1;%夏玉米最晚播种期
k=k+1;
end
%-----------计算80%保证率下夏玉米最晚播种期-----------------------------
Paixu=sort(Result(:,8),'descend');%将温度列从大到小排序
num=GR*(length(Paixu)+1);%GR保证率时元素的序号
num1=floor(num);%向下取整
GR_date=(Paixu(num1,1)-Paixu(num1+1,1))*(-1)*(num-num1)+Paixu(num1,1);
```

结果保存在 Result 数组中，第 1～10 列分别为年、月、日、0℃界限温度终日、16℃界限温度终日、冬小麦理论播种期、夏玉米的最晚收获期 HDate1、修正后的夏玉米最晚收获期 HDate、播种期至收获期的≥10℃积温、夏玉米最晚播种期（日期均以日序的形式表示）。GR_AT10 和 GR_date 分别为 80%保证率下的夏玉米播种期至收获期的≥10℃积温和最晚播种期日序。

3. 夏玉米播期计算软件实现

应用气候学实习-夏玉米播期计算软件 V1.0 是基于 MATLAB-GUI 开发的一款专业的夏玉米播期求算可视化农业气候统计软件。软件主要包括打开数据、帮助和返回主界面 3 个模块，其中“帮助”模块包括此软件的用户手册以及夏玉米播期计算方法介绍，播期计算方法介绍是关键。

双击农业气候学实验教学统计软件 V1.0 主界面上的“五、应用气候学实习-夏玉米播期计算软件”，即可进入应用气候学实习-夏玉米播期计算软件 V1.0，出现图 16-1 所示的主界面。主界面窗口可通过点击右上角的“—”最小化。

如暂时不进入此系统处理数据，打算退出系统操作，点击右上角的“×”直接退出即可；或打算返回农业气候学实验教学软件的主界面，点击此界面上的“返回主界面”即可。

(1)帮助示例

鉴于“帮助”中的文件是对系统中初始数据生成、数据处理和统计分析方法的介绍，故这里先介绍“帮助”文件中的内容及其在软件中的调用，以方便用户及时查阅和了解系统中的专业术语及作者的研究开发思路。

将鼠标光标移至主菜单“帮助”处，出现图 16-1 所示的“帮助”界面：内容包括“用户手册”和“方法介绍”，并以 Word 格式保存在 AGAT. EXE 执行文件的同一目录下。“用户手册”主要包括模型各模块简要介绍、操作运行方法及实例示范等；“方法介绍”主要包括确定夏玉米播期的意义、计算方法、步骤以及原理等。

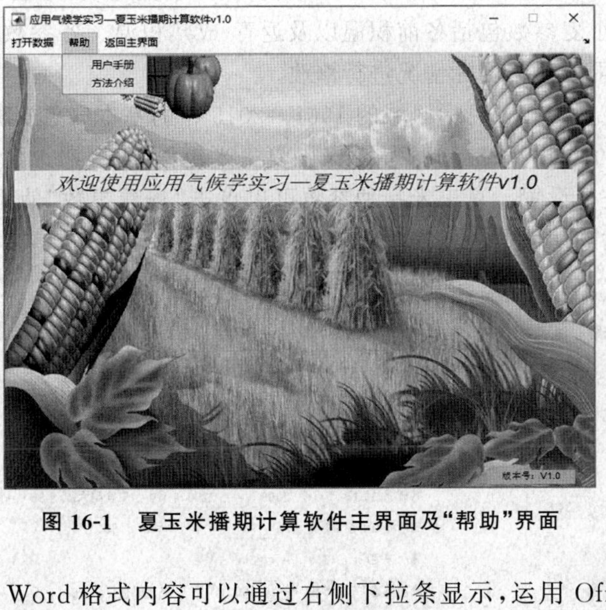

图 16-1 夏玉米播期计算软件主界面及“帮助”界面

“帮助”模块下的 Word 格式内容可以通过右侧下拉条显示，运用 Office 软件选择文字及图片的剪取、复制和注释等。如果“方法介绍”使用完成或退出“方法介绍”文件，点击 Word 文件右上角的“×”则文件关闭。

如果暂时不打算运行软件，退出软件则点击主菜单右上角的“×”关闭系统即可。

(2)初始数据和实例示范

初始数据包括站点号、经纬度、高程、日期(年、月、日)以及地面气象站点的日平均温度、日最高温度、日最低温度、相对湿度等，存储在以 xls 为后缀的 Excel 文件中；将鼠标光标移到主菜单的“打开数据”并点击一下，选择原始数据后则出现如图 16-2 所示界面。

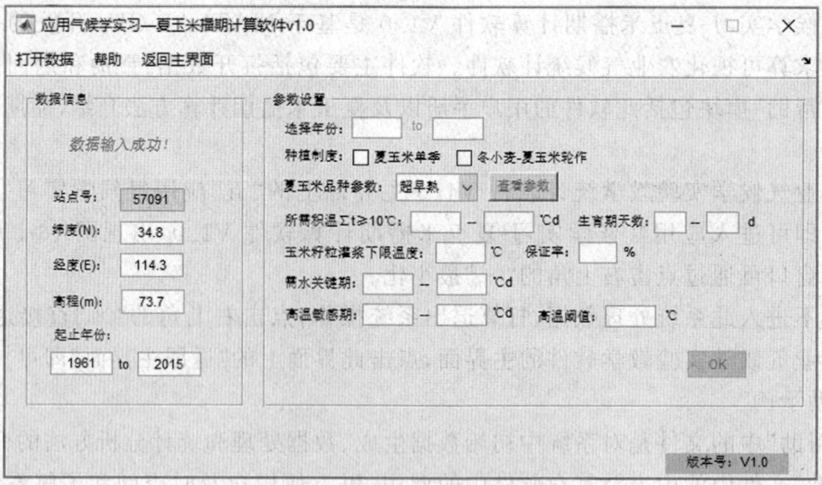

图 16-2 夏玉米播期计算软件初始数据界面

①夏玉米播期。在图 16-2 初始界面的“参数设置”板块，可以选择年份、种植制度、夏玉米品种参数等计算条件。选择年份可以设置为一年，实现单年计算，也可以设定从某年到某年，实现多年计算；种植制度包括夏玉米单季和冬小麦-夏玉米轮作；夏玉米品种参数包含各品种所需积温设置及生育期天数、玉米籽粒灌浆下限温度、需水关键期、高温敏感期及高温阈值、保证率；轮作条件下冬小麦参数包括冬前积温以及返青-成熟积温。各参数值可以选用软件中各品种的默认参数，也可以根据实际情况进行修改。

本实例选择站点号 57091 目标区域的 1961—2015 年的基本气象资料为初始数据，选择目标时间段为 1961—2010 年、种植制度为冬小麦-夏玉米轮作，生育期天数根据夏玉米和冬小麦的实际生育期天数进行设置。夏玉米品种参数可以点击“查看参数”使用系统默认值，也可以根据实际测定数据对默认数据进行修改，如图 16-3 所示。

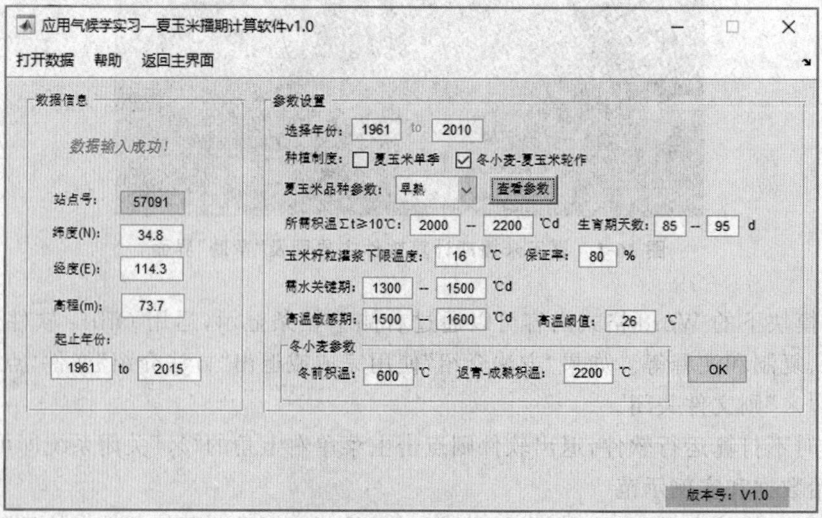

图 16-3 夏玉米播期计算软件参数设置界面

作物品种参数设定后，点击“OK”，即可得到站点号 57091 目标区域在 1961—2010 年的夏玉米可播种期(最早可播种期和最晚可播种期)，计算结果在“结果”板块显示，结果中会显示“根据需水关键期”和“根据高温敏感期”两种条件下的优化播种期，如图 16-4 所示。

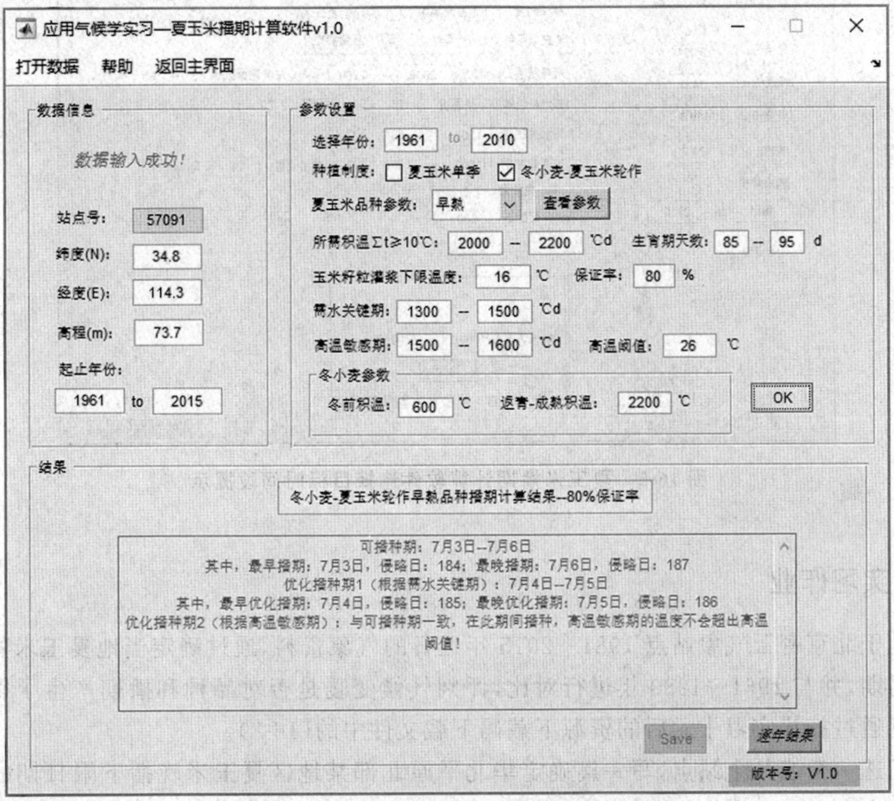

图 16-4 夏玉米播期计算软件计算结果界面

点击“结果”板块中的“逐年结果”，可以得到站点号 57091 目标区域在 1961—2010 年的夏玉米每年的可播种期，通过下拉条可以查看目标年份内各年夏玉米的最早可播种日序和最晚可播种日序。

点击“保存结果”，进而以 xls 为后缀的 Excel 文档保存各年计算结果。

②注意事项。在初始界面的“参数设置”板块选择目标时间段时，需要注意目标年份时间段应在初始数据年段内选择，不能超出初始数据年段时间范围，否则点击“OK”后程序会提示存在错误而不运行。如在实例中，站点号 57091 目标区域的初始数据的时间段为 1961—2015 年，若在初始界面选择目标时间段为 1961—2017 年(超出初始数据时间段)，则会出现如图 16-5 所示界面。

至此，夏玉米播期计算统计软件的初始数据调取、数据统计分析、操作步骤、基本功能和注意事项都已介绍完成。退出操作，点击主界面右上角“×”即可。

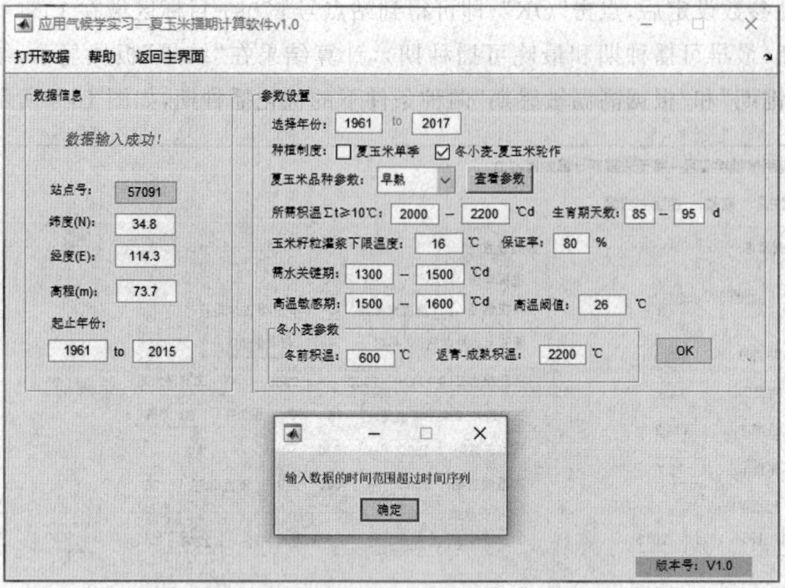

图 16-5 夏玉米播期计算软件选择目标时间段提示

五、实习作业

①基于北京密云气象站点 1981—2015 年逐日的气象资料,通过确定当地夏玉米熟性品种和理论播期,并与 1961—1980 年进行对比,评判气候变暖是否对品种和播期产生了影响。气象数据可通过扫描实习十六后的资源下载码下载文件中的(16-3)。

②任选一个或几个站点,写一篇确定华北平原北部某地区夏玉米晚播下限日期的农业气候分析文章。

实习十六 资源下载码(16-1 至 16-3)

参考文献

[1] 和骅芸,胡琦,潘学标,等. 气候变化背景下华北平原夏玉米花期高温热害特征及适宜播期分析[J]. 中国农业气象,2020,41(01):1-15.

[2] HU Q, MA X Q, PAN X B, et al. Climate Warming Changed the Planting Boundaries of Varieties of Summer Corn with Different Maturity Levels in the North China Plain. Journal of Applied Meteorology and Climatology, 2019,58(12):2605-2615.

实习十七　作物光温生产潜力求算方法之一——FAO 农业生态区域法

小引：农作物在一定的气候、土壤、社会经济条件下，将太阳辐射能转化为化学潜能的能力，决定于作物种类和品种、当地的气候、土地状况、社会经济条件（含人工投入的物质、能量、技术）。作物生产力的形成是在大气-作物-土壤这一开放系统内进行的。生产力高低一方面取决于作物遗传特性及其对环境条件的适应性，环境资源的数量、质量及对作物的适宜度；另一方面还取决于技术水平和物质能量投入。环境条件可分为光照、温度、水分和土壤等。而社会经济技术水平包括优良品种的选用、肥料、排灌条件、栽培措施等。环境与社会经济技术条件对作物生产力的影响极其复杂，但它与气候条件关系最为密切。作物生产力的层次通常分为光合生产潜力、光温生产潜力、气候生产潜力以及农业自然生产潜力等。光温生产潜力是在 CO_2、水分、土壤条件、群体结构和管理技术等得到满足或处于最适宜状态下，当地太阳辐射和温度所决定的特定作物的产量上限。

本实习主要讲解联合国粮农组织（FAO）推荐的农业生态区域法（agricultural ecology zone，AEZ）计算光温生产潜力，该方法由 Kassam 在 1977 年制定。

一、实习目的

学习与掌握运用 FAO 农业生态区域法计算光温生产潜力的方法。

二、实习内容

基于某气象站点 2018 年逐日气象数据，计算该地区春小麦光温生产潜力。

三、实习原理和计算方法

FAO 农业生态区域法估算光温生产潜力，实际是通过内在函数的形式对光合生产潜力进行订正，即将温度作为一个单一因子内嵌在光温生产潜力表达式中，计算公式如下：

$$Y_T = Y \cdot C_L \cdot C_N \cdot C_H \cdot G \tag{17-1}$$

式中：Y_T 为光温生产潜力（$kg \cdot hm^{-2}$）；Y 为生育期内平均白天温度及实际天气状况下标准作物总生物量的最大速率（$kg \cdot hm^{-2} \cdot d^{-1}$）；$C_L$ 为叶面积订正系数，即标准作物的实际最大总生产率和叶面积系数为 5 时的订正系数；C_N 为净干物质生产量订正系数，即生育期内平均温度下因呼吸消耗干物质产量的订正系数；C_H 为作物经济系数，也称收获系数，是指收获部分的净重占干物质总产量净重的比率；G 为作物生育期订正系数，对于越冬作物，需扣除日平均气温小于 0℃的休眠期。

式中各变量计算方法如下。

1. 标准作物总生物量的最大速率 Y

当 $Y_m \geqslant 20\ kg \cdot hm^{-2} \cdot h^{-1}$ 时，

$$Y = F(0.8 + 0.01Y_m)Y_0 + (1-F)(0.5 + 0.025Y_m)Y_c \tag{17-2}$$

当 $Y_m < 20\ kg \cdot hm^{-2} \cdot h^{-1}$ 时，

$$Y = F(0.5 + 0.025Y_m)Y_0 + (1-F) \times 0.05Y_mY_c \tag{17-3}$$

①式(17-2)和式(17-3)中的 Y_m 为作物生长期间平均白天温度的作物生产率($kg \cdot hm^{-2} \cdot h^{-1}$)，可根据作物生育期内白天平均温度(TD)和作物种类由表 17-1 查出，为计算简便，采用线性插值的方式求算。

$$TD = T + 0.25(T_{max} - T_{min}) \tag{17-4}$$

式中：T 为作物生育期间的日平均温度；T_{max} 和 T_{min} 分别为作物生育期间的最高温度和最低温度平均值。

表 17-1 不同作物种类及温度条件下的干物质生产率 Y_m $kg \cdot hm^{-2} \cdot h^{-1}$

作物种类	白天平均气温/℃							
	5	10	15	20	25	30	35	40
第Ⅰ类耐寒作物	5.0	15.0	20.0	20.0	15.0	5.0	0	0
第Ⅰ类喜温作物	0	0	15.0	32.5	35.0	35.0	32.5	5.0
第Ⅱ类耐寒作物	0	5.0	45.0	65.0	65.0	65.0	45.0	5.0
第Ⅱ类喜温作物	0	0	5.0	45.0	65.0	65.0	65.0	45.0

注：第Ⅰ类耐寒作物——紫花苜蓿、蚕豆、甘蓝、马铃薯、甜菜、小麦；第Ⅰ类喜温作物——柑橘、棉花、花生、水稻、大豆、向日葵、番茄、烟草；第Ⅱ类耐寒作物——部分玉米、高粱品种；第Ⅱ类喜温作物——玉米、高粱、甘蔗。

②式(17-2)和式(17-3)中的 F 为生育期间白天天空云量覆盖度：

$$F = \frac{R_{se} - 0.5R_s}{0.8R_{se}} \tag{17-5}$$

式中：R_{se} 为生育期间晴天最大光合有效辐射的平均值($MJ \cdot m^{-2} \cdot d^{-1}$)，可根据站点所在纬度和月份由表 17-2 查出；R_s 为生育期间地表太阳辐射平均值($MJ \cdot m^{-2} \cdot d^{-1}$)，逐日计算公式如下：

$$R_s = R_a\left(a + b\frac{n}{N}\right) \tag{17-6}$$

式中：R_a 为天文辐射日总量($MJ \cdot m^{-2} \cdot d^{-1}$)；$a$ 为阴天短波辐射通量与大气外层太阳辐射通量的比例；b 为晴天短波辐射通量与大气外层太阳辐射通量的比例，FAO-PM 推荐的通用系数为 $a=0.25$，$b=0.5$；n 为实际日照时数(h)；N 为可能最大日照时数(h)。

N 的计算公式如下：

$$N = \frac{24w_0}{\pi} \tag{17-7}$$

式中：w_0 为日落时角(rad)，根据纬度和太阳赤纬计算。

w_0 的计算公式如下：

$$\delta = 0.409\sin\left(\frac{2\pi}{365}J - 1.39\right)$$

$$w_0 = \arccos(-\tan\varphi \cdot \tan\delta) \tag{17-8}$$

式中：δ 为太阳赤纬(rad)；J 为日序数，1 月 1 日为 1，1 月 2 日为 2……依此类推；φ 为当地纬度(rad)。

③式(17-2)和式(17-3)中的 Y_0 为生育期间内阴天时总干物质生产量的平均值($kg \cdot hm^{-2} \cdot d^{-1}$)，由表 17-2 中查出。

④式(17-2)和式(17-3)中的 Y_c 为生育期间内晴天时总干物质生产量的平均值($kg \cdot hm^{-2} \cdot d^{-1}$)，由表 17-2 中查出。

表 17-2　不同纬度各月的 R_{se}、Y_0 和 Y_c 值

纬度	项目	月份 1	2	3	4	5	6	7	8	9	10	11	12
40°N	R_{se}/($MJ \cdot m^{-2} \cdot d^{-1}$)	5.48	7.95	10.88	14.19	16.58	17.67	17.29	15.45	12.47	9.21	6.32	4.94
	Y_c/($kg \cdot hm^{-2} \cdot d^{-1}$)	213	283	353	427	480	506	497	455	290	314	241	204
	Y_0/($kg \cdot hm^{-2} \cdot d^{-1}$)	99	137	173	223	252	268	263	239	200	155	112	91
50°N	R_{se}/($MJ \cdot m^{-2} \cdot d^{-1}$)	3.47	6.53	10.17	14.44	17.50	19.00	18.46	16.07	12.22	8.08	4.52	2.85
	Y_c/($kg \cdot hm^{-2} \cdot d^{-1}$)	180	257	343	432	501	535	523	470	388	295	206	162
	Y_0/($kg \cdot hm^{-2} \cdot d^{-1}$)	74	121	171	227	265	285	278	248	198	143	90	65

查表和求算各月的 R_{se}、R_s 日平均值，求算各月的 F 值；根据查表 Y_m、Y_0 和 Y_c 值，求算各月的标准作物总生物量的最大速率 Y；根据各月的标准作物总生物量的最大速率 Y 值和天数，求算生育期间的标准作物总生物量的最大速率 Y 平均值。

2. 叶面积订正系数 C_L

C_L 可由表 17-3 中查出，本实习取 $C_L = 0.5$。

表 17-3　叶面积订正系数

LAI	0	1	2	3	4	5
C_L	0	0.20	0.30	0.40	0.48	0.50

3. 净干物质生产量订正系数 C_N

$$C_N = \frac{0.72}{1 + 0.25C_t \times G} \tag{17-9}$$

式中：G 为生育期日数(d)；C_t 为维持呼吸订正系数，取决于日平均气温。

C_t 的计算公式如下：

$$C_t = C_{30} \times (0.044 + 0.0019T + 0.00107T^2) \tag{17-10}$$

式中：T 为生育期间日平均气温；C_{30} 为温度 30℃时的维持呼吸系数。对于豆科作物，$C_{30}=0.0283$；对于非豆科作物，$C_{30}=0.0108$。

4. 作物经济系数 C_H

作物经济系数 C_H 可由表 17-4 查出，本实习取 $C_H=0.4$。

表 17-4 不同作物的经济系数 C_H 值

作物	玉米	高粱	小麦	大豆	水稻
C_H	0.40～0.50	0.35～0.45	0.30～0.40	0.30～0.40	0.40～0.50

四、实习方法和步骤

已知某地区(纬度 40.8°，海拔 1 603 m)2018 年逐日气象数据，按照实习步骤，计算 2018 年该地区春小麦光温生产潜力，春小麦生育期假定为 4 月 1 日—7 月 31 日，生育期天数 122 d。下文仅以 2018 年 1 月 1 日—10 日地面气象观测数据序列(表 17-5)演示计算过程，其余数据不做展示[具体数据可通过扫描实习十七后的资源下载码下载文件中的(17-1)]。

表 17-5 某地区 2018 年逐日地面气象观测数据(局部)

年	月	日	平均温度/℃	最高温度/℃	最低温度/℃	相对湿度/%	日照时数/h
2018	1	1	−12.7	−7.0	−14.0	40	8.6
2018	1	2	−9.7	−6.0	−12.0	40	7.6
2018	1	3	−10.7	−5.6	−14.2	31	5.5
2018	1	4	−9.7	−3.7	−14.1	29	1.7
2018	1	5	−9.3	−3.3	−14.6	40	5.7
2018	1	6	−8.1	−2.5	−12.9	49	0
2018	1	7	−11.6	−6.6	−12.8	55	0
2018	1	8	−12.9	−8.9	−16.4	52	5.4
2018	1	9	−13.2	−9.4	−18.1	52	4.4
2018	1	10	−11.6	−6.3	−15.1	50	7.8

1. Excel 实现

步骤 1：计算生育期内平均标准作物总生物量的最大速率 Y($kg \cdot hm^{-2} \cdot d^{-1}$)。根据逐日的气象数据，计算各月的 T、T_{max}、T_{min}、R_s 平均值，其中逐日的 R_s 根据实习七方法计算。进而计算和查表求算各月的 TD、Y_m、R_{se}、F、Y_0、Y_c 和 Y 平均值，结果如表 17-6 所示。注意：Y_m 采用线性插值方式求得，如 4 月份 TD=14.66℃，查表可知，10℃时 Y_m=15 kg·hm^{-2}·d^{-1}，15℃时 Y_m=20 kg·hm^{-2}·d^{-1}，则 4 月份的 Y_m=15 kg·hm^{-2}·d^{-1}+(14.66℃−10℃)/(15℃−10℃)×(20 kg·hm^{-2}·d^{-1}−15 kg·hm^{-2}·d^{-1})=19.66 kg·hm^{-2}·d^{-1}。根据表 17-6 中计算的作物生育期内各月的标准作物总生物量的最大速率 Y(kg·hm^{-2}·d^{-1})和各月的天数，可以求算出全生育期内干物质生产率平均值：Y=324.4 kg·hm^{-2}·d^{-1}，同理可计算出全生育期内日平均气温：T=18.4℃。

表 17-6　作物生育期内各月要素平均值

项目	月份			
	4	5	6	7
T/℃	11.04	17.29	22.38	22.64
T_{max}/℃	18.44	24.35	29.06	28.35
T_{min}/℃	3.99	10.05	15.08	17.80
R_s/(MJ·m^{-2}·d^{-1})	19.39	22.57	24.01	19.20
TD/℃	14.66	20.86	25.87	25.27
Y_m/(kg·hm^{-2}·h^{-1})	19.66	19.14	13.25	14.45
R_{se}/(MJ·m^{-2}·d^{-1})	14.19	16.58	17.67	17.29
F	0.40	0.40	0.40	0.56
Y_c/(kg·hm^{-2}·d^{-1})	427.00	480.00	506.00	497.00
Y_0/(kg·hm^{-2}·d^{-1})	223.00	252.00	268.00	263.00
Y/(kg·hm^{-2}·d^{-1})	341.01	374.44	290.21	285.41

步骤 2：计算净干物质生产量订正系数 C_N。其中全生育期内日平均气温 T=18.4℃，C_{30}=0.010 8，则维持呼吸订正系数 C_t=0.004 975。生育期天数 G=122 d，可以计算得到净干物质生产量订正系数 C_N=0.628 9。

步骤 3：叶面积订正系数 C_L 和作物经济系数 C_H 分别取值 0.5 和 0.4。作物生育期订正系数 G 即生育天数(122 d)。

步骤 4：综合以上的参数，可以计算得到该地区春小麦光温生产潜力：$Y_T = Y \cdot C_L \cdot C_N \cdot C_H \cdot G$=322.9 kg·hm^{-2}·d^{-1}×0.5×0.628 9×0.4×122 d=4 954.9 kg·hm^{-2}。

2. MATLAB 编程实现

将数据存储在 Excel 文档中，第 1～9 列分别为年、月、日、平均温度(℃)、最高温度(℃)、最低温度(℃)、相对湿度(%)、日照时数(h)和日序，实习数据可通过扫描实习十七后的资源下载码下载文件中的(17-1)。数据可放在任意路径下(即不提前设定数据存储路径)，可以通过弹出的窗口进行选择文件[其他数据格式输入见实习一，此处不再赘述，直接提供完整代码，不再分步骤讲解。完整代码可通过扫描实习十七后的资源下载码下载文件中的(17-2)]。

```
clear %清空环境变量
clc  %清空窗口内容
CROP=1;%作物种类,1 为第 I 类耐寒作物,2 为第 I 类喜温作物,3 为第 II 类耐寒作物,4 为第 II 类喜温
```

作物

```
pi=3.1415926;%圆周率 Pi
sten=4.903e-9;%斯蒂芬-玻尔兹曼常数
lat1=40.8;%纬度,根据具体地理位置修改
SOWING_DATE=91;%播种日序
HARV_DATA=212;%收获日序
CL=0.5; %叶面积订正系数,根据具体作物修改
CH=0.4;%作物经济系数,根据具体作物修改
C30=0.0108;%30℃时呼吸系数,豆科植物为 0.0283,非豆科为 0.0108
Ym=[5,10,15,20,25,30,35,40;
    5,15,20,20,15,5,0,0;
    0,0,15,32.5,35,35,32.5,5;
    0,5,45,65,65,65,45,5;
    0,0,5,45,65,65,65,45];
%Ym 为不同作物种类及温度条件下的干物质生产率,第一行为白天平均温度
%第 2-5 行为第 I 类耐寒作物,第 I 类喜温作物,第 II 类耐寒作物,第 II 类喜温作物
Rse=[1,2,3,4,5,6,7,8,9,10,11,12;
    5.48,7.95,10.88,14.19,16.58,17.67,17.29,15.45,12.47,9.21,6.32,4.94;
213,283,353,427,480,506,497,455,290,314,241,204;
99,137,173,223,252,268,263,239,200,155,112,91];
%40°N 纬度各月的最大光合有效辐射 Rse(第一行)、Y0 和 Yc 值(第二、三行)
[filename filepath]=uigetfile('*.*','请选择文件');%filename 为文件名,filepath 为文件路径
if isequal(filename,0)
msgbox('您没有正确选择文件夹');
    return;
end
Data1=xlsread([filepath, filename]); %读取文件,并赋值给矩阵 Data
%第 1-9 列分别为年、月、日、平均温度、最高温度、最低温度、相对湿度、日照时数和日序
Data=Data1(SOWING_DATE:HARV_DATA, :);
%求算逐日地表太阳辐射 Ra
xu=Data(:,9);%日序
lat=lat1*pi/180;%纬度转化为弧度制
tmax=Data(:,5);%日最高温度
tmin=Data(:,6);%日最低温度
rh=Data(:,7);%相对湿度
sun=Data(:,8);%日照时数
es=0.6108*exp(17.27*tmin./(237.3+tmin))*0.5+...
   0.6108*exp(17.27*tmax./(237.3+tmax))*0.5;%饱和水汽压 es
ea1=es.*rh/100;%实际水汽压 ea
dr=1+0.033*cos(2*pi*xu/365);%地球轨道偏心率订正系数
s=0.409*sin(2*pi*xu/365-1.39);%太阳赤纬
ws=acos(-tan(lat)*tan(s));%日落时角
ra=24*60/pi*0.082*dr.*((ws*sin(lat).*sin(s))...
```

```
    +cos(lat) * cos(s). * sin(ws)); %天文辐射日总量
suno=24 * ws/pi; %可能最大日照时数
Data(:,10)=(0.25+0.5 * sun./suno). * ra; %地表太阳辐射
%-----按月求算各变量--------------------------------------------------
Month=unique(Data(:,2));
for i=1:length(Month)
    Data_Month=Data(find(Data(:,2)==Month(i)),:);
    Days(i)=length(Data_Month); %该月的天数
    TD(i)=mean(Data_Month(:,4))+0.25 * (mean(Data_Month(:,5))-mean(Data_Month(:,6)));
    %该月的白天平均温度 TD
  if TD(i)>=Ym(1,8) %计算该月的 ym
ym(i)=0;
    elseif TD(i)>=Ym(1,7)&&TD(i)<Ym(1,8)
ym(i)=Ym(CROP+1,7)+(TD(i)-Ym(1,7))/(Ym(1,8)-Ym(1,7)) * (Ym(CROP+1,8)-Ym(CROP
+1,7));
elseif TD(i)>=Ym(1,6)&&TD(i)<Ym(1,7)
ym(i)=Ym(CROP+1,6)+(TD(i)-Ym(1,6))/(Ym(1,7)-Ym(1,6)) * (Ym(CROP+1,7)-Ym(CROP
+1,6));
elseif TD(i)>=Ym(1,5)&&TD(i)<Ym(1,6)
ym(i)=Ym(CROP+1,5)+(TD(i)-Ym(1,5))/(Ym(1,6)-Ym(1,5)) * (Ym(CROP+1,6)-Ym(CROP
+1,5));
elseif TD(i)>=Ym(1,4)&&TD(i)<Ym(1,5)
ym(i)=Ym(CROP+1,4)+(TD(i)-Ym(1,4))/(Ym(1,5)-Ym(1,4)) * (Ym(CROP+1,5)-Ym(CROP
+1,4));
elseif TD(i)>=Ym(1,3)&&TD(i)<Ym(1,4)
ym(i)=Ym(CROP+1,3)+(TD(i)-Ym(1,3))/(Ym(1,4)-Ym(1,3)) * (Ym(CROP+1,4)-Ym(CROP
+1,3));
elseif TD(i)>=Ym(1,2)&&TD(i)<Ym(1,3)
ym(i)=Ym(CROP+1,2)+(TD(i)-Ym(1,2))/(Ym(1,3)-Ym(1,2)) * (Ym(CROP+1,3)-Ym(CROP
+1,2));
elseif TD(i)>=Ym(1,1)&&TD(i)<Ym(1,2)
ym(i)=Ym(CROP+1,1)+(TD(i)-Ym(1,1))/(Ym(1,2)-Ym(1,1)) * (Ym(CROP+1,2)-Ym(CROP
+1,1));
elseif TD(i)>=0&&TD(i)<Ym(1,1)
ym(i)=Ym(CROP+1,1);
ym(i)=0+TD(i)/Ym(1,1) * Ym(CROP+1,1);
  else
      ym(i)=0;
  end
  rse(i)=Rse(2,Month(i)); %该月的晴天最大光合有效辐射 Rse
  y0(i)=Rse(4,Month(i)); %该月的 y0
  yc(i)=Rse(3,Month(i)); %该月的 yc
  Rs(i)=mean(Data_Month(:,10)); %该月的 Rs
```

```
    %计算该月的F
    F(i)=(rse(i)-0.5*mean(Data_Month(:,10)))/0.8/rse(i);
    %计算该月的标准作物干物质生产率Y
    if ym(i)>=20
        Y(i)=F(i)*(0.8+0.01*ym(i))*y0(i)+(1-F(i))*(0.5+0.025*ym(i))*yc(i);
    else
        Y(i)=F(i)*(0.5+0.025*ym(i))*y0(i)+(1-F(i))*(0.05*ym(i))*yc(i);
    end
end
    %计算全生育期内日平均标准作物干物质生产率Y
    Y_day=sum(Y.*Days)/sum(Days);
    %计算净干物质生产量订正系数CN
    Ct=C30*(0.044+0.0019*mean(Data(:,4))+0.00107*mean(Data(:,4))*mean(Data(:,4)));
    %Ct为维持呼吸订正系数
    G=sum(Days);%生育期天数
    CN=0.72/(1+0.25*Ct*G);
    %计算光温生产潜力
    Yt=Y_day*CL*CN*CH*G;
```

其中,结果保存在 Yt 变量中。各月的参数亦可在相应的变量中查看,不再详述。

五、实习作业

计算北京密云站(纬度 39.8°,海拔 71.8 m)2015 年夏玉米光温潜在产量(生育期为 6 月—9 月,叶面积订正系数 C_L 取值 0.5)。气象数据可通过扫描实习十七后的资源下载码下载文件中的(17-3)。

实习十七　资源下载码(17-1 至 17-3)

参考文献

[1] 蔡承智,VAN VELTHUIZEN H,FISCHER G,等. 基于 AEZ 模型的我国农区小麦生产潜力分析[J]. 中国生态农业学报,2007(05):182-184.

[2] 杜林博斯 J,卡萨姆 A H. 产量与水的关系[C]. 罗马:联合国粮食及农业组织,1979.

[3] 王连喜,卢媛媛,李琪,等. 基于 AEZ 模型的河南省冬小麦产量差时空特征分析[J]. 中国生态农业学报,2018,26(04):547-558.

[4] 徐延红. 基于 AEZ 模型的产量动态预报研究[J]. 气象与环境科学,2018,41(02):18-22.

[5] 赵安,赵小敏. FAO-AEZ 法计算气候生产潜力的模型及应用分析[J]. 江西农业大学学报,1998,20(04):528-533.

实习十八　作物光温生产潜力求算方法之二——瓦赫宁根法

小引：本实习介绍另一种作物光温生产潜力的求算方法，该方法是以 De Wit，Bieshuigen 等以前的研究为基础，由国际土地开垦和改良研究所制定的瓦赫宁根（Wageningen）法，也是联合国粮农组织推荐的方法之一，适用于苜蓿、玉米、高粱和小麦等作物。

一、实习目的

学习与掌握瓦赫宁根法计算光温生产潜力。

二、实习内容

①基于某气象站点 2018 年逐日气象数据，计算该地区春小麦光温生产潜力；

②与 FAO 农业生态区域法求算的春小麦光温生产潜力进行比较。

三、实习原理和计算方法

国际土地开垦和改良研究所制定的瓦赫宁根法计算光温生产潜力的公式如下：

$$Y_T = Y \cdot \frac{PE}{e_a - e_d} \cdot K \cdot C_T \cdot C_H \cdot G \tag{18-1}$$

式中：Y_T 为光温生产潜力（$kg \cdot hm^{-2}$）；Y 为生育期内平均白天温度及实际天气状况下标准作物总生物量的最大速率（$kg \cdot hm^{-2} \cdot d^{-1}$）；$\frac{PE}{e_a - e_d}$ 为气候（湿度）订正系数；K 为作物种类订正系数；C_T 为温度订正系数；C_H 为作物经济系数，也称收获系数，是指收获部分的净重占干物质总产量净重的比率；G 为作物生育期订正系数，对于越冬作物，需扣除日平均气温小于 0℃ 的休眠期。

式中各变量计算方法如下。

1. 标准作物总生物量的最大速率 Y

$$Y = FY_0 + (1 - F)Y_c \tag{18-2}$$

①式(18-2)中的 F 为生育期间白天天空云量覆盖度，由下式计算：

$$F = \frac{R_{se} - 0.5R_s}{0.8R_{se}} \tag{18-3}$$

式中：R_{se} 为生育期间晴天最大光合有效辐射的平均值（$MJ \cdot m^{-2} \cdot d^{-1}$），可根据站点所在纬度和月份由表 18-1 查出；R_s 为生育期间地表太阳辐射平均值（$MJ \cdot m^{-2} \cdot d^{-1}$）。

R_s 逐日计算公式如下：

$$R_s = R_a\left(a + b\frac{n}{N}\right) \tag{18-4}$$

式中：R_a 为天文辐射日总量（$MJ \cdot m^{-2} \cdot d^{-1}$）；$a$ 为阴天短波辐射通量与大气外层太阳辐射通量的比例；b 为晴天短波辐射通量与大气外层太阳辐射通量的比例，FAO-PM 推荐的通用系数为 $a=0.25$，$b=0.5$；n 为实际日照时数（h）；N 为可能最大日照时数（h）。

N 的计算公式为：

$$N = \frac{24w_0}{\pi} \tag{18-5}$$

式中：w_0 为日落时角（rad），根据纬度和太阳赤纬计算。

w_0 的计算公式如下：

$$\delta = 0.409\sin\left(\frac{2\pi}{365}J - 1.39\right)$$

$$w_0 = \arccos(-\tan\varphi \cdot \tan\delta) \tag{18-6}$$

式中：δ 为太阳赤纬（rad）；J 为日序数，1 月 1 日为 1，1 月 2 日为 2……依此类推；φ 为当地纬度（rad）。

②式（18-2）中的 Y_0 为生育期间内阴天时总干物质生产量的平均值（$kg \cdot hm^{-2} \cdot d^{-1}$），由表 18-1 中查出。

③式（18-2）中的 Y_c 为生育期间内晴天时总干物质生产量的平均值（$kg \cdot hm^{-2} \cdot d^{-1}$），由表 18-1 中查出。

表 18-1　不同纬度各月的 R_{se}、Y_0 和 Y_c 值

纬度	项目	月份											
		1	2	3	4	5	6	7	8	9	10	11	12
40°N	R_{se}/（$MJ \cdot m^{-2} \cdot d^{-1}$）	5.48	7.95	10.88	14.19	16.58	17.67	17.29	15.45	12.47	9.21	6.32	4.94
	Y_c/（$kg \cdot hm^{-2} \cdot d^{-1}$）	213	283	353	427	480	506	497	455	290	314	241	204
	Y_0/（$kg \cdot hm^{-2} \cdot d^{-1}$）	99	137	173	223	252	268	263	239	200	155	112	91
50°N	R_{se}/（$MJ \cdot m^{-2} \cdot d^{-1}$）	3.47	6.53	10.17	14.44	17.50	19.00	18.46	16.07	12.22	8.08	4.52	2.85
	Y_c/（$kg \cdot hm^{-2} \cdot d^{-1}$）	180	257	343	432	501	535	523	470	388	295	206	162
	Y_0/（$kg \cdot hm^{-2} \cdot d^{-1}$）	74	121	171	227	265	285	278	248	198	143	90	65

查表和求算各月的 R_{se}、R_s 日平均值，求算各月的 F 值；根据查表 Y_0 和 Y_c 值，求算各月的标准作物总生物量的最大速率 Y；根据各月的标准作物总生物量的最大速率 Y 值和天数，求

算生育期间的标准作物总生物量的最大速率 Y 平均值。

2. 气候订正系数 $\frac{PE}{e_a - e_d}$

①PE 为生育期间日平均可能蒸散量(mm)，本实习采用 P-M 方法计算(具体方法参考实习十)；

②e_s 为生育期内平均饱和水汽压(mb，1 mb＝0.1 kPa)，由生育期内的平均温度计算而来：

$$e_s(T) = 10 \times 0.6108 e^{\frac{17.27T}{T+237.3}} \tag{18-7}$$

式中：T 为生育期内日平均温度的平均值(℃)。

③e_a 为生育期内平均实际水汽压(mb)，由生育期内平均饱和水汽压乘以生育期内平均相对湿度(%)计算而来：

$$e_a = e_s \times R_h / 100 \tag{18-8}$$

式中：e_s 为生育期内平均饱和水汽压(mb)；R_h 为相对湿度(%)。

3. 作物种类订正系数 K

K 可由表 18-2 中查出，本实习取 K＝1.17。

表 18-2　不同作物 K 值

作物	苜蓿	玉米	高粱	春小麦	冬小麦
K	0.90	1.90	1.60	1.17	0.65

4. 温度订正系数 C_T

不同作物的温度订正系数可根据生育期内平均温度由表 18-3 中查出，为计算简便，采用线性插值的方式求算。

表 18-3　不同作物的温度订正系数 C_T 值

作物	平均温度/℃							
	5	10	15	20	25	30	35	40
苜蓿	0	0.20	0.40	0.55	0.60	0.60	0.50	0
玉米	0	0.10	0.35	0.50	0.60	0.60	0.60	0
高粱	0	0.10	0.30	0.45	0.55	0.60	0.60	0
小麦	0.05	0.30	0.50	0.60	0.35	0.10	0	0

5. 作物经济系数 C_H

作物经济系数 C_H 可由表 18-4 查出，本实习取 C_H＝0.4。

表 18-4　不同作物的经济系数 C_H 值

作物	玉米	高粱	小麦	苜蓿(第一年)	苜蓿(以后各年)
C_H	0.40～0.50	0.35～0.45	0.30～0.40	0.40～0.50	0.80～0.90

四、实习方法和步骤

以某地区(纬度 40.8°,海拔 1 063 m)2018 年逐日气象数据,按照实习步骤计算 2018 年该地区春小麦光温生产潜力,春小麦生育期假定为 4 月 1 日—7 月 31 日,生育期天数 122 d。下文仅以 2018 年 1 月 1 日—10 日地面气象观测数据序列(表 18-5)演示计算过程,其余数据不做展示[具体数据可通过扫描实习十八后的资源下载码下载文件中的(18-1)]。

1. Excel 实现

步骤 1:计算生育期内平均标准作物总生物量的最大速率 Y(kg·hm^{-2}·d^{-1})。根据逐日的气象数据,计算各月的平均温度 T、地表太阳辐射 R_s 平均值,其中逐日的 R_s 根据实习七的方法计算。进而计算和查表求算各月的 R_{se}、F、Y_0、Y_c 和 Y 平均值,结果如表 18-6 所示(特别注意:若为越冬作物,全生育期内日平均温度≤0℃的当日数据不进行计算,如 4 月 4 日和 4 月 6 日,需剔除;本实习为春小麦,故不需将此数据剔除)。根据表 18-6 中计算的作物生育期内各月的标准作物总生物量的最大速率 Y(kg·hm^{-2}·d^{-1})和各月的天数,可以求算出全生育期内干物质生产率平均值 Y=378.2 kg·hm^{-2}·d^{-1}。

表 18-5 某地区 2018 年逐日地面气象观测数据(局部)

年	月	日	平均温度/℃	最高温度/℃	最低温度/℃	相对湿度/%	日照时数/h
2018	1	1	−12.7	−7.0	−14.0	40	8.6
2018	1	2	−9.7	−6.0	−12.0	40	7.6
2018	1	3	−10.7	−5.6	−14.2	31	5.5
2018	1	4	−9.7	−3.7	−14.1	29	1.7
2018	1	5	−9.3	−3.3	−14.6	40	5.7
2018	1	6	−8.1	−2.5	−12.9	49	0
2018	1	7	−11.6	−6.6	−12.8	55	0
2018	1	8	−12.9	−8.9	−16.4	52	5.4
2018	1	9	−13.2	−9.4	−18.1	52	4.4
2018	1	10	−11.6	−6.3	−15.1	50	7.8

表 18-6 作物生育期内各月要素平均值

项目	月份			
	4	5	6	7
各月有效天数/d	30.00	31.00	30.00	31.00
R_s/(MJ·m^{-2}·d^{-1})	19.39	22.57	24.01	19.20
R_{se}/(MJ·m^{-2}·d^{-1})	14.19	16.58	17.67	17.29
F	0.40	0.40	0.40	0.56
Y_c/(kg·hm^{-2}·d^{-1})	427.00	480.00	506.00	497.00
Y_0/(kg·hm^{-2}·d^{-1})	223.00	252.00	268.00	263.00
Y/(kg·hm^{-2}·d^{-1})	346.20	389.01	410.66	366.93

步骤 2:计算气候订正系数。利用 P-M 公式计算逐日的参考作物蒸散量,进而求得全生育期内日平均蒸散量 PE=5.13 mm;由逐日平均温度计算全生育期内日平均气温 T=18.4℃,进而可以计算生育期内平均饱和水汽压 e_s=21.12 mb;由逐日相对湿度计算全生育期内日平均相对湿度 R_h=44.3%,进而可以计算生育期内平均实际水汽压 e_a=9.36 mb;最后计算得到气候订正系数 $\frac{PE}{e_a-e_d}=0.44$。

步骤 3:作物种类订正系数 K 和作物经济系数 C_H 分别取值 1.17 和 0.4。作物生育期订正系数 G 即生育天数(122 d)。

步骤 4:计算温度订正系数 C_T。采用线性插值的方式求算温度订正系数,全生育期内日平均气温 T=18.4℃,查表 18-3 可知,15℃时,C_T=0.5,20℃时,C_T=0.6。C_T=0.5+(18.4℃−15℃)/(20℃−15℃)×(0.6−0.5)=0.57。

步骤 5:综合以上的参数,可以计算得到该地区春小麦光温生产潜力 $Y_T=Y\cdot\frac{PE}{e_a-e_d}\cdot K\cdot C_T\cdot C_H\cdot G$=378.2 $kg\cdot hm^{-2}\cdot d^{-1}$×0.44×1.17×0.57×0.4×122 d=5 415.7 $kg\cdot hm^{-2}$。

2. MATLAB 编程实现

将数据存储在 Excel 文档中,第 1～12 列分别为年、月、日、平均温度(℃)、最高温度(℃)、最低温度(℃)、相对湿度(%)、降水量(mm)、风速($m\cdot s^{-1}$)、日照时数(h)、大气压(10 Pa)和日序,实习数据可通过扫描实习十八后的资源下载码下载文件中的(18-1)。数据可放在任意路径下(即不提前设定数据存储路径),可以通过弹出的窗口进行选择文件[其他数据格式输入见实习一,此处不再赘述,直接提供完整代码,不再分步骤讲解。完整代码可通过扫描实习十八后的资源下载码下载文件中的(18-2)]。

```
clear %清空环境变量
clc  %清空窗口内容
CROP=4;%作物种类,1 为苜蓿,2 为玉米,3 为高粱,4 为春小麦,5 为冬小麦
pi=3.1415926;%圆周率 Pi
sten=4.903e-9;%斯蒂芬-玻尔兹曼常数
lat1=40.8;%纬度,根据具体地理位置修改
SOWING_DATE=91;%播种日序
HARV_DATA=212;%收获日序
K_crop=[0.9,1.9,1.6,1.17,0.65]; %作物种类订正系数,第 1-5 分别为苜蓿、玉米、高粱、春小麦、冬小麦
CH=0.4;%作物经济系数,根据具体作物修改
h=1063;%海拔,根据实际站点修改
CT=[5,10,15,20,25,30,35,40;
    0,0.2,0.4,0.55,0.6,0.6,0.5,0;
    0,0.1,0.35,0.5,0.6,0.6,0.6,0;
    0,0.1,0.3,0.45,0.55,0.6,0.6,0;
    0.05,0.3,0.5,0.6,0.35,0.1,0,0];
%各种作物的温度订正系数,第 1 行为平均温度
%第 2-5 行为苜蓿、玉米、高粱、春小麦、冬小麦
Rse=[1,2,3,4,5,6,7,8,9,10,11,12;
```

```
    5.48,7.95,10.88,14.19,16.58,17.67,17.29,15.45,12.47,9.21,6.32,4.94;
213,283,353,427,480,506,497,455,290,314,241,204;
99,137,173,223,252,268,263,239,200,155,112,91];
%40°N 纬度各月的最大光合有效辐射 Rse(第 1 行)、Y0 和 Yc 值(第 2、3 行)
%----------读取数据--------------------------------------------------------
%数据格式:EXCEL.第 1-12 列分别为年、月、日、平均温度、最高温度、最低温度、
%相对湿度、降水量、风速、日照时数、大气压,日序--------------------------
[filename filepath]=uigetfile('*.*','请选择文件');%filename 为文件名,filepath 为文件路径
if isequal(filename,0)
msgbox('您没有正确选择文件夹');
        return;
end
Data1=xlsread([filepath, filename]); %读取文件,并赋值给矩阵 Data
Data=Data1(SOWING_DATE:HARV_DATA,:);%提取生育期数据
%求算逐日地表太阳辐射 Ra,蒸散量
xu=Data(:,12);%日序
lat=lat1*pi/180;%纬度转化为弧度制
tmax=Data(:,5);%日最高温度
tmin=Data(:,6);%日最低温度
taver=Data(:,4);%日平均温度
rh=Data(:,7);%相对湿度
wind=Data(:,9);%10 米处风速
wind=wind*4.87/log(678-5.42);%2 米处风速
sun=Data(:,10);%日照时数
p=Data(:,11)/100;%大气压
r=p*0.000665;%干湿球常数
v=4098*(0.6108*exp(17.27*taver./(237.3+taver)))./(taver+237.3)...
    ./(taver+237.3);%水汽压-温度曲线的斜率?值
es=0.6108*exp(17.27*tmin./(237.3+tmin))*0.5+...
    0.6108*exp(17.27*tmax./(237.3+tmax))*0.5;%饱和水汽压 es
ea1=es.*rh/100;%实际水汽压 ea
dr=1+0.033*cos(2*pi*xu/365);%地球轨道偏心率订正系数
s=0.409*sin(2*pi*xu/365-1.39);%太阳赤纬
ws=acos(-tan(lat)*tan(s));%日落时角
ra=24*60/pi*0.082*dr.*((ws*sin(lat).*sin(s))...
     +cos(lat)*cos(s).*sin(ws));%天文辐射日总量 Ra
rso=(0.75+0.00002*h)*ra;%晴空太阳辐射
suno=24*ws/pi;%可能最大日照时数
rs=(0.25+0.5*sun./suno).*ra;%地表太阳辐射
rns=0.77*rs;%地表净短波辐射
rnl=sten*0.5*((tmax+273.16).^4+(tmin+273.16).^4).*(0.34-0.14*sqrt(ea1))...
    .*(1.35*rs./rso-0.35); %Rnl 为地表净长波辐射
rn=rns-rnl;%地表净辐射
```

```
Data(:,13)=(0.25+0.5*sun./suno).*ra;%地表太阳辐射
Data(:,14)=(0.408*v.*rn+r*900.*wind./(taver+273).*(es-ea1))./...
  (v+r.*(1+0.34*wind));%日参考作物蒸散 ET0
%-----按月求算标准作物干物质生产率 Y------------------------------------------------
%Data(all(Data(:,4)<0,2),:)=[];%对于越冬作物,需将温度小于 0 的天去掉
Month=unique(Data(:,2));
for i=1:length(Month)
    Data_Month=Data(find(Data(:,2)==Month(i)),:);
    Days(i)=length(Data_Month);%该月的天数
  rse(i)=Rse(2,Month(i));%该月的晴天最大光合有效辐射 Rse
  y0(i)=Rse(4,Month(i));%该月的 y0
  yc(i)=Rse(3,Month(i));%该月的 yc
  %计算该月的 F
  F(i)=(rse(i)-0.5*mean(Data_Month(:,13)))/0.8/rse(i);
  %计算该月的标准作物干物质生产率 Y
  Y(i)=F(i)*y0(i)+(1-F(i))*yc(i);
end
  %计算全生育期内日平均标准作物干物质生产率 Y
  Y_day=sum(Y.*Days)/sum(Days);
  %计算气候订正系数 PEA
  PE=mean(Data(:,14));%生育期内日平均蒸散量
  T=mean(Data(:,4));%生育期内日平均温度
  mean_es=0.6108*exp(17.27*T./(237.3+T))*10;%生育期内平均饱和水汽压
  mean_rh=mean(Data(:,7));%生育期内平均相对湿度 Rh
  mean_ea=mean_es*mean_rh/100;%生育期内平均实际水汽压
  PEA=PE/( mean_es-mean_ea);%气候订正系数
  %计算温度订正系数 CT
  if T>=CT(1,8)|| T<CT(1,1)
ct=0;
  else
      p1 = max(find(CT(1,:)<= T));%计算 T 在 CT 温度中的位置
      ct=CT(CROP+1,p1)+(T-CT(1,p1))/(CT(1,p1+1)-CT(1,p1))*(CT(CROP+1,p1+1)-
CT(CROP+1,p1));
  end
  G=sum(Days);%生育期天数
  K=K_crop(CROP);%作物种类订正系数
  %计算光温生产潜力
  Yt=Y_day*PEA*K*ct*CH*G;
```

其中,结果保存在 Yt 变量中。各月的参数亦可在相应的变量中查看,不再详述。

五、实习作业

计算北京密云站(纬度 39.8°,海拔 71.8 m)2015 年夏玉米光温潜在产量(生育期为 6 月—9 月),并比较本方法与 FAO 农业生态区域法的不同。气象数据可通过扫描实习十八后的资源下载码下载文件中的(18-3)。

实习十八　资源下载码(18-1 至 18-3)

参考文献

[1] 陈彦清,杨建宇,郧文聚,等. 国家尺度上基于地形因子的光温及气候生产潜力修正算法[J]. 中国农业科学,2016,49(11):2082-2092.

[2] 吕丽,舒秋贵,付纷纷,等. 山西省光温生产潜力特征分析[J]. 山西农业科学,2015(06):727-730.

[3] 杜林博斯 J,卡萨姆 A H. 产量与水的关系[C]. 罗马:联合国粮食及农业组织,1979.

[4] 孙建好,赵建华,李伟绮,等. 河西走廊 5 种作物种植模式的产量潜力估算[J]. 甘肃农业科技,2012(06):11-13.

[5] 徐文修,牛新湘,边秀举. 新疆棉花光温生产潜力估算与分析[J]. 棉花学报,2007,19(06):455-460.

[6] 赵中华,王宏富. 山西省玉米光温生产潜力分析[J]. 山西农业大学学报,1992,12(04):339-341.

实习十九　作物气候生产潜力求算方法

小引：在自然条件下，地区的降水量经常不能完全满足作物对水分的需求。因此，作物的光温生产潜力还不能真正反映地区气候资源可能提供的作物潜在产量情况，还需要进行气候生产潜力的求算。气候生产潜力是指在一个地区生产条件（水、肥、劳动力、技术等）充分保证，在当地的太阳辐射、温度和水分条件下，理想群体（密度、结构、株型合理）单位面积可能达到的最高作物产量。

本实习采用 FAO 产量水分反应系数法，在光温生产潜力的基础上计算气候生产潜力。该方法还可以求算在人工灌溉条件下，不同灌溉方案所能获得的潜在产量。这种计算分析，可为我们解决在当地降水量和水资源供应不足时，如何充分利用当地水资源进行合理灌溉提供理论依据。

一、实习目的

学习与掌握 FAO 产量水分反应系数法计算气候生产潜力。

二、实习内容

基于某气象站点 2018 年逐日气象数据，计算该地区春小麦气候生产潜力。

三、实习原理和计算方法

FAO 产量水分反应系数法是在春小麦光温生产潜力的基础上，求算气候生长潜力。该方法将春小麦全生育期划分为 3 个阶段：

营养生长阶段：4 月 1 日—5 月 10 日；

生殖生长阶段：5 月 11 日—6 月 20 日；

灌浆成熟阶段：6 月 21 日—7 月 31 日。

1. 计算各生育阶段的需水满足率 V

$$V=\frac{\text{生育阶段内各旬作物耗水量总和}}{\text{生育阶段内各旬作物需水量总和}}=\frac{\sum ET_a}{\sum ET_m} \tag{19-1}$$

①式(19-1)中的 ET_m 为作物需水量(mm)，以旬尺度计算：

$$ET_m=K_c \cdot ET_0 \tag{19-2}$$

式中：ET_0 为参考作物蒸散，按照 FAO-PM 方法计算，具体见实习十中的相关内容；K_c 为作物系数，各作物系数参照表 19-1。本实习冬小麦 4 月—7 月共 12 旬，K_c 分别取 0.3，0.5，0.7，0.8，1.0，1.1，1.2，1.0，0.7，0.5，0.3，0.2。

表 19-1　不同生育阶段作物系数(K_c)

作物	生育时段					
	始期	前期	中期	后期	收获期	全生育期
小麦	0.30～0.40	0.70～0.80	1.05～1.20	0.65～0.75	0.20～0.25	0.80～0.90
玉米	0.30～0.50	0.70～0.85	1.05～1.20	0.80～0.95	0.55～0.60	0.70～0.90
水稻	1.10～1.15	1.70～1.50	1.10～1.30	0.95～1.05	0.95～1.05	1.05～1.20
棉花	0.40～0.50	0.70～0.80	1.05～1.25	0.80～0.90	0.65～0.70	0.80～0.90

②式(19-1)中的 ET_a 为作物实际耗水量(mm),以旬尺度计算:

$$ET_a=\begin{cases}ET_m, & 当\ P+W\geqslant ET_m\ 时\\ P+W, & 当\ P+W<ET_m\ 时\end{cases} \tag{19-3}$$

式中:P 为本旬降水量(mm);ET_m为本旬作物需水量(mm);W 为上旬土壤有效水分存储量(mm)。

各旬末的土壤有效水分存储量 W 计算公式如下:

$$W_i=\begin{cases}P-ET_m+W_{i-1}, & 当\ P+W\geqslant ET_m\ 时\\ 0, & 当\ P+W<ET_m\ 时\end{cases} \tag{19-4}$$

式中:W_i 为第 i 旬末的土壤有效水分存储量(mm);W_{i-1} 为第 $i-1$ 旬末的土壤有效水分存储量(mm);P 和 ET_m 分别为第 i 旬的降水量(mm)和作物需水量(mm)。

对于播前土壤有效水分存储量 W,可直接用实测的播前土壤含水量数据,如果没有实测数据,则需进行估算:播前土壤水分存储量 W=播前 N 旬降水量总和$-K_c\times$播前 N 旬参考作物蒸散总和,K_c 与 N 的选值大小由具体前茬作物和季节而定。对于春小麦而言,本实习选取 3 月份三旬计算播前土壤水分存储量(即 $N=3$),取 $K_c=0.1$。当播前土壤水分存储量 $W<0$ 时,记为 0。

2. 计算各生育阶段的产量降低率 U_i

$$U_i=K_i(1-V_i) \tag{19-5}$$

式中:K_i 为产量反应系数,因不同作物、不同生育阶段而不同,本实习中冬小麦 3 个生育时段的 K_i 值分别取 0.2,0.65 和 0.55;V_i 为各生育阶段的需水满足率,根据式(19-1)计算;i 为不同生育阶段。

3. 计算各生育阶段的产量指数 I_y

$$\begin{aligned}I_{y_1}&=1-U_1\\ I_{y_2}&=I_{y_1}(1-U_2)\\ I_{y_3}&=I_{y_2}(1-U_3)\end{aligned} \tag{19-6}$$

式中:I_{y_1},I_{y_2},I_{y_3} 分别为营养生长阶段、生殖生长阶段和灌浆成熟阶段的产量指数;U_1,U_2,U_3 分别为 3 个生育阶段的产量降低率。

4. 计算春小麦气候生产潜力 Y_R($kg\cdot hm^{-2}$)

$$Y_R=Y_T\cdot I_{y_3} \tag{19-7}$$

式中：Y_T为光温生产潜力（$kg \cdot hm^{-2}$），根据实习十七或实习十八的方法进行计算，本实习采用 FAO 农业生态区域法（实习十七的方法）计算；I_{y_3} 为灌浆成熟阶段的产量指数。

四、实习方法和步骤

已知某地区（纬度 40.8°，海拔 1 063 m）2018 年逐日气象数据，按照实习步骤计算 2018 年该地区春小麦气候生产潜力，春小麦生育期假定为 4 月 1 日—7 月 31 日，生育期天数 122 d。下文仅以 2018 年 1 月 1 日—10 日地面气象观测数据序列（表 19-2）演示计算过程，其余数据不做展示[具体数据可通过扫描实习十九后的资源下载码下载文件中的（19-1）]。

表 19-2　某地区 2018 年逐日地面气象观测数据（局部）

年	月	日	平均温度/℃	最高温度/℃	最低温度/℃	相对湿度/%	日照时数/h
2018	1	1	−12.7	−7	−14	40	8.6
2018	1	2	−9.7	−6	−12	40	7.6
2018	1	3	−10.7	5.6	14.2	31	5.5
2018	1	4	−9.7	−3.7	−14.1	29	1.7
2018	1	5	−9.3	−3.3	−14.6	40	5.7
2018	1	6	−8.1	−2.5	−12.9	49	0
2018	1	7	−11.6	−6.6	−12.8	55	0
2018	1	8	−12.9	−8.9	−16.4	52	5.4
2018	1	9	−13.2	−9.4	−18.1	52	4.4
2018	1	10	−11.6	−6.3	−15.1	50	7.8

1. Excel 实现

步骤 1：计算各生育阶段的需水满足率。根据逐日的气象数据，统计计算 3 月—7 月各旬的降水量 P、参考作物蒸散量 ET_0；根据各旬的作物系数 K_c 计算各旬作物的需水量 ET_m、土壤有效水分存储量 W 和作物耗水量 ET_a，其中参考作物蒸散量 ET_0 依据 FAO-PM 方法计算，结果如表 19-3 所示。计算土壤有效水分存储量 W 时，可在 Excel 单元格中采用如下公式：＝IF（原公式＜0，0，原公式）或＝MAX（原公式，0）。

表 19-3　各生育阶段的需水满足率要素计算表

月份	旬	P/mm	ET_0/mm	K_c	ET_m/mm	W/mm	ET_a/mm
3	全月	5.9	92.9	0.1	9.3	0	—
	上旬	9.6	34.0	0.3	10.2	0	9.6
4	中旬	16.2	43.4	0.5	21.7	0	16.2
	下旬	1.3	50.9	0.7	35.6	0	1.3
	上旬	3.6	53.1	0.8	42.5	0	3.6

续表19-3

月份	旬	P/mm	ET_0/mm	K_c	ET_m/mm	W/mm	ET_a/mm
5	中旬	60.2	53.3	1.0	53.3	6.9	53.3
	下旬	11.4	62.4	1.1	68.6	0	18.3
6	上旬	0.2	65.4	1.2	78.5	0	0.2
	中旬	0	67.6	1.0	67.6	0	0
	下旬	2.6	63.1	0.7	44.2	0	2.6
7	上旬	35.9	44.7	0.5	22.4	13.5	22.4
	中旬	190.7	37.5	0.3	11.3	193.0	11.3
	下旬	58.0	51.0	0.2	10.2	240.8	10.2

步骤 2:计算不同生育阶段产量降低率 U 和产量指数 I_y。利用表 19-3 结果计算不同生育阶段内各旬作物耗水量和需水量总和,进而求算出各生育阶段的需水满足率 V,结合产量反应系数 K 求算不同生育阶段的产量降低率 U 和产量指数 I_y,结果如表 19-4 所示。

表 19-4 各生育阶段的产量降低率 U 和产量指数 I_y 计算表

项目	营养生长阶段	生殖生长阶段	灌浆成熟阶段
ET_a/mm	30.7	71.8	46.4
ET_m/mm	110.0	268.0	88.0
V	0.279	0.268	0.528
K	0.20	0.65	0.55
U	0.144	0.476	0.260
I_y	0.856	0.449	0.332

步骤 3:计算春小麦气候生产潜力 Y_R(kg·hm^{-2})。根据实习十七计算的光温生产潜力 Y_T 为 4 954.8 kg·hm^{-2},产量指数 I_y 为 0.332,则该地区春小麦气候生产潜力 Y_R=4 954.8 kg·hm^{-2}×0.332=1 645 kg·hm^{-2}。

2. MATLAB 编程实现

将数据存储在 Excel 文档中,第 1～12 列分别为年、月、日、平均温度(℃)、最高温度(℃)、最低温度(℃)、相对湿度(%)、降水量(mm)、风速(m·s^{-1})、日照时数(h)、大气压(10 Pa)和日序,实习数据可通过扫描实习十九后的资源下载码下载文件中的(19-1)。数据可放在任意路径下(即不提前设定数据存储路径),可以通过弹出的窗口进行选择文件[其他数据格式输入见实习一,此处不再赘述,直接提供完整代码,不再分步骤讲解。完整代码可通过扫描实习十九后的资源下载码下载文件中的(19-2)]。

```
clear %清空环境变量
clc  %清空窗口内容
```

```
CROP=1;%作物种类,1为第Ⅰ类耐寒作物,2为第Ⅰ类喜温作物,3为第Ⅱ类耐寒作物,4为第Ⅱ类喜温作物
pi=3.1415926;%圆周率Pi
sten=4.903e-9;%斯蒂芬-玻尔兹曼常数
lat1=40.8;%纬度,根据具体地理位置修改
h=1063;%海拔,根据实际站点修改
SOWING_DATE=91;%播种日序
HARV_DATA=212;%收获日序
CL=0.5; %叶面积订正系数,根据具体作物修改
CH=0.4;%作物经济系数,根据具体作物修改
C30=0.0108;%30℃时呼吸系数,豆科植物为0.0283,非豆科为0.0108
Ym=[5,10,15,20,25,30,35,40;
    5,15,20,20,15,5,0,0;
    0,0,15,32.5,35,35,32.5,5;
    0,5,45,65,65,65,45,5;
    0,0,5,45,65,65,65,45];
%Ym为不同作物种类及温度条件下的干物质生产率,第一行为白天平均温度
%第2-5行为第Ⅰ类耐寒作物,第Ⅰ类喜温作物,第Ⅱ类耐寒作物,第Ⅱ类喜温作物
Rse=[1,2,3,4,5,6,7,8,9,10,11,12;
    5.48,7.95,10.88,14.19,16.58,17.67,17.29,15.45,12.47,9.21,6.32,4.94;
213,283,353,427,480,506,497,455,290,314,241,204;
99,137,173,223,252,268,263,239,200,155,112,91];
%40°N纬度各月的最大光合有效辐射Rse(第一行)、Y0和Yc值(第二、三行)
Kc=[-31,10,20,30,40,50,61,71,81,91,101,111,122;
    0.1,0.3,0.5,0.7,0.8,1.0,1.1,1.2,1.0,0.7,0.5,0.3,0.2];
    %第一行为播种后日数,其中第一列为播前N天,为计算播前N旬的土壤有效水分存储量,可根据实际修改
    %第二行为作物需水系数,分别为3月数据及4-7月各旬数据
K=[1,5,9;
   4,8,12;
   0.2,0.65,0.55];%第一行为三个生育阶段的开始旬,第二行为三个生育阶段的结束旬
%第三行产量反应系数,分别为营养生长阶段、生殖生长阶段和灌浆成熟阶段的产量反应系数
%----------读取数据-------------------------------------------------------
%数据格式:EXCEL.第1-12列分别为年、月、日、平均温度、最高温度、最低温度、
%相对湿度、降水量、风速、日照时数、大气压,日序------------------------
[filename filepath]=uigetfile('*.*','请选择文件');%filename为文件名,filepath为文件路径
if isequal(filename,0)
msgbox('您没有正确选择文件夹');
     return;
end
Data1=xlsread([filepath, filename]); %读取文件,并赋值给矩阵Data
%求算逐日地表太阳辐射Ra,蒸散量
xu=Data1(:,12);%日序
```

```
lat=lat1 * pi/180;%纬度转化为弧度制
tmax=Data1(:,5);%日最高温度
tmin=Data1(:,6);%日最低温度
taver=Data1(:,4);%日平均温度
rh=Data1(:,7);%相对湿度
wind=Data1(:,9);%10 米处风速
wind=wind * 4.87/log(678-5.42);%2 米处风速
sun=Data1(:,10);%日照时数
p=Data1(:,11)/100;%大气压
r=p * 0.000665;%干湿球常数
v=4098 * (0.6108 * exp(17.27 * taver./(237.3+taver)))./(taver+237.3)...
   ./(taver+237.3);%水汽压-温度曲线的斜率?值
es=0.6108 * exp(17.27 * tmin./(237.3+tmin)) * 0.5+...
   0.6108 * exp(17.27 * tmax./(237.3+tmax)) * 0.5;%饱和水汽压 es
ea1=es. * rh/100;%实际水汽压 ea
dr=1+0.033 * cos(2 * pi * xu/365);%地球轨道偏心率订正系数
s=0.409 * sin(2 * pi * xu/365-1.39);%太阳赤纬
ws=acos(-tan(lat) * tan(s));%日落时角
ra=24 * 60/pi * 0.082 * dr. * ((ws * sin(lat). * sin(s))...
     +cos(lat) * cos(s). * sin(ws));%天文辐射日总量 Ra
rso=(0.75+0.00002 * h) * ra;%晴空太阳辐射
suno=24 * ws/pi;%可能最大日照时数
rs=(0.25+0.5 * sun./suno). * ra;%地表太阳辐射
rns=0.77 * rs;%地表净短波辐射
rnl=sten * 0.5 * ((tmax+273.16).^4+(tmin+273.16).^4). * (0.34-0.14 * sqrt(ea1))...
 . * (1.35 * rs./rso-0.35); %Rnl 为地表净长波辐射
rn=rns-rnl;%地表净辐射
Data1(:,13)=(0.25+0.5 * sun./suno). * ra;%地表太阳辐射
Data1(:,14)=(0.408 * v. * rn+r * 900. * wind./(taver+273). * (es-ea1))./...
   (v+r. * (1+0.34 * wind));%日参考作物蒸散 ET0
%-----按月求算各变量------------------------------------------------
Data=Data1(SOWING_DATE:HARV_DATA,:);
Month=unique(Data(:,2));
for i=1:length(Month)
     Data_Month=Data(find(Data(:,2)==Month(i)),:);
     Days(i)=length(Data_Month);%该月的天数
     TD(i)=mean(Data_Month(:,4))+0.25 * (mean(Data_Month(:,5))-mean(Data_Month(:,6)));
     %该月的白天平均温度 TD
     if TD(i)>=Ym(1,8)|| TD(i)<Ym(1,1)
ym(i)=0;
  else
       p1 = max(find(Ym(1,:)<= TD(i)));%计算 T 在 CT 温度中的位置
       ym(i)=Ym(CROP+1,p1)+(TD(i)-Ym(1,p1))/(Ym(1,p1+1)-Ym(1,p1)) * (Ym(CROP+
```

```
1,p1+1)-Ym(CROP+1,p1));
      end
  rse(i)=Rse(2,Month(i));%该月的晴天最大光合有效辐射 Rse
  y0(i)=Rse(4,Month(i));%该月的 y0
  yc(i)=Rse(3,Month(i));%该月的 yc
  Rs(i)=mean(Data_Month(:,13));%该月的 Rs
  %计算该月的 F
  F(i)=(rse(i)-0.5*mean(Data_Month(:,13)))/0.8/rse(i);
  %计算该月的标准作物干物质生产率 Y
  if ym(i)>=20
      Y(i)=F(i)*(0.8+0.01*ym(i))*y0(i)+(1-F(i))*(0.5+0.025*ym(i))*yc(i);
  else
       Y(i)=F(i)*(0.5+0.025*ym(i))*y0(i)+(1-F(i))*(0.05*ym(i))*yc(i);
  end
end
  %计算全生育期内日平均标准作物干物质生产率 Y
  Y_day=sum(Y.*Days)/sum(Days);
  %计算净干物质生产量订正系数 CN
  Ct=C30*(0.044+0.0019*mean(Data(:,4))+0.00107*mean(Data(:,4))*mean(Data(:,4)));
  %Ct 为维持呼吸订正系数
  G=sum(Days);%生育期天数
  CN=0.72/(1+0.25*Ct*G);
  %计算光温生产潜力
  Yt=Y_day*CL*CN*CH*G;
  %计算各生育阶段的需水满足率旬要素值
Data_Month=Data1(SOWING_DATE+Kc(1,1):SOWING_DATE-1,:);%播前 N 旬的数据
Xun(1,1)=sum(Data_Month(:,8));%旬降水量
   Xun(1,2)=sum(Data_Month(:,14));%旬参考作物蒸散量 ET0
   Xun(1,3)=Kc(2,1);%作物需水系数
   Xun(1,4)=Xun(1,2)*Xun(1,3);%旬需水量 ETm
   Xun(1,6)=max(Xun(1,1)-Xun(1,4),0);%旬土壤有效水分存储量 W
   Xun(1,5)=0;%作物耗水量 ETa
   Kc(1,1)=0;
for i=2:length(Kc')
   Data_Month=Data1(SOWING_DATE+Kc(1,i-1):SOWING_DATE+Kc(1,i)-1,:);
   Xun(i,1)=sum(Data_Month(:,8));%旬降水量
   Xun(i,2)=sum(Data_Month(:,14));%旬参考作物蒸散量 ET0
   Xun(i,3)=Kc(2,i);%作物需水系数
   Xun(i,4)=Xun(i,2)*Xun(i,3);%旬需水量 ETm
   Xun(i,5)=min(Xun(i,1)+Xun(i-1,6),Xun(i,4));%旬作物耗水量 ETa
   Xun(i,6)=max(Xun(i,1)+Xun(i-1,6)-Xun(i,5),0);%旬土壤有效水分存储量 W
end
%计算各生育阶段产量降低率 V 和产量指数 Iy
```

```
for i=1:length(K')
    Stage(1,i)=sum(Xun(K(1,i)+1:K(2,i)+1,5));%生育阶段作物耗水量ETa
    Stage(2,i)=sum(Xun(K(1,i)+1:K(2,i)+1,4));%生育阶段需水量ETm
    Stage(3,i)=Stage(1,i)/Stage(2,i);%生育阶段需水满足率V
    Stage(4,i)=K(3,i);%生育阶段产量反应系数K
    Stage(5,i)=Stage(4,i)*(1-Stage(3,i));%生育阶段产量反应系数K
end
Iy1=1-Stage(5,1);
Iy2=Iy1*(1-Stage(5,2));
Iy3=Iy2*(1-Stage(5,3));%各个生育阶段的产量指数
Yr=Yt*Iy3;%气候生产潜力
```

其中,结果保存在 Yr 变量中。各月的参数亦可在相应的变量中查看,不再详述。

3. 夏玉米播期计算软件实现

应用气候学实习-潜在产量计算软件 V1.0 是基于 MATLAB-GUI 开发的一款专业的潜在产量求算可视化农业气候统计软件。该软件主要包括打开数据、帮助和返回主界面模块,其中"帮助"模块下的方法介绍包括光能利用率、光合生产潜力、光温生产潜力以及气候生产潜力,各方法的计算公式和适用条件的介绍是关键。

双击农业气候学实验教学软件 V1.0 主界面上的"四、应用气候学实习-潜在产量计算软件",即可进入应用气候学实习-潜在产量计算软件 V1.0,出现如图 19-1 的界面,主界面窗口可通过点击右上角的"—"最小化。

图 19-1 基于 MATLAB-GUI 的潜在产量计算软件主界面

如暂时不进入此系统处理数据,打算退出系统操作,点击右上角的"×"直接退出即可;或打算返回农业气候学实验教学软件的主界面,点击此界面上的"返回主界面"即可。

(1)帮助示例

鉴于"帮助"文件是对系统中初始数据生成、数据处理和统计分析方法的介绍,故这里先介

绍“帮助”文件的内容及其在软件中的调用，以方便用户及时查阅和了解系统中的专业术语及作者的研究开发思路。

将鼠标光标移至主菜单“帮助”处，出现图 19-2 所示界面：内容包括“用户手册”和“方法介绍”，并以 Word 格式保存在执行文件的同一目录下。“用户手册”主要包括模型各模块简要介绍、操作运行方法及实例示范等；“方法介绍”包括潜在产量类型——光能利用率、光合生产潜力、光温生产潜力以及气候生产潜力的定义、计算公式、原理和适用条件等。

“帮助”模块下的 Word 格式内容可以通过右侧下拉条显示，运用 Office 软件选择文字及图片的剪取、复制和注释等。如果“方法介绍”使用完成或退出“方法介绍”文件，点击 Word 文件右上角的“×”则文件关闭。

如果暂时不打算运行软件，退出软件则点击主菜单右上角的“×”关闭系统即可。

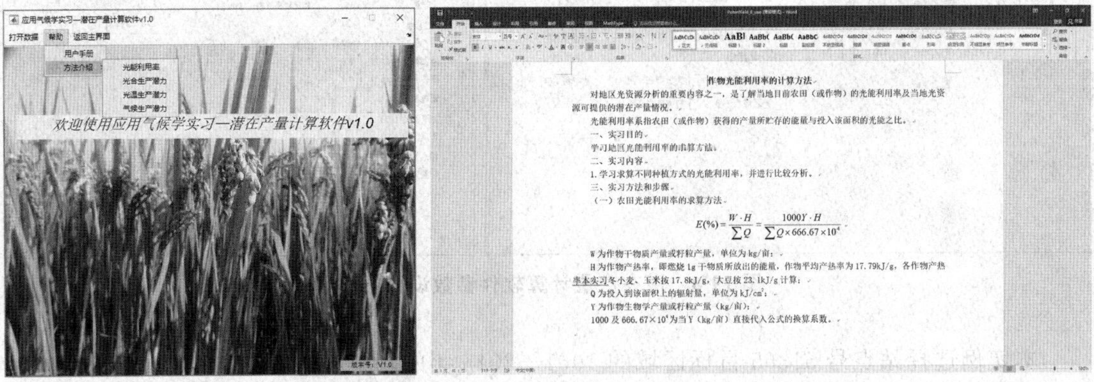

图 19-2 潜在产量计算软件“帮助”界面

(2)初始数据和实例示范

初始数据包括站点号、经纬度、高程、日期（年、月、日）以及地面气象站点的日平均温度、日最高温度、日最低温度、相对湿度等，存储在以 xls 为后缀的 Excel 文件中。将鼠标光标移到主菜单的“打开数据”并点击一下，选择初始数据后则出现图 19-3 所示界面。

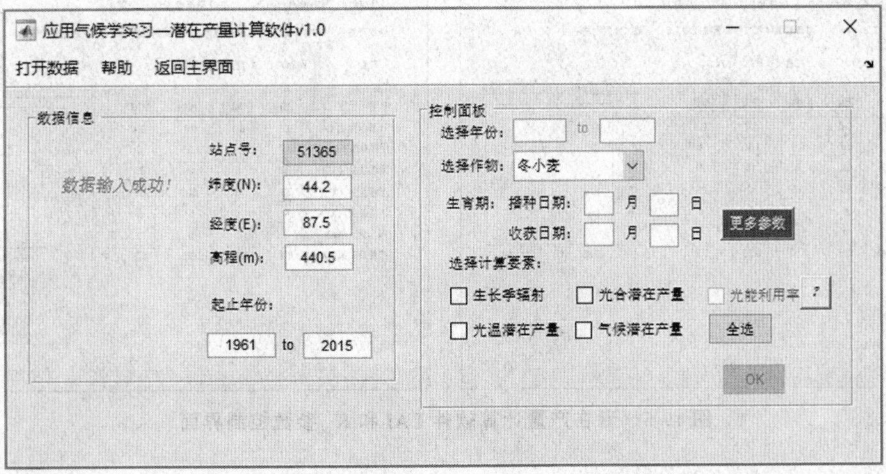

图 19-3 潜在产量计算软件初始数据界面

①冬小麦潜在产量。在图 19-3 的"控制面板"板块可以选择年份、作物类型、作物生育期参数以及计算要素 4 个计算条件。选择年份可以设定从某年到某年，实现多年计算；农作物类型包括冬小麦、春小麦、春玉米、夏玉米、水稻及大豆；作物生育期参数包含参数设置和订正系数，参数设置包含播种日期、收获日期、作物产热率、理想群体最大叶面积指数、最大光能利用率、产量以及能量转换系数，订正系数包含叶面积指数 LAI、作物系数 K_c、三基点温度（最适温度、上限温度、下限温度）、灌水量、产量反应系数 K_y 等；计算要素包括生长季辐射、光合潜在产量、光能利用率、光温潜在产量以及气候潜在产量。如图 19-4 所示。

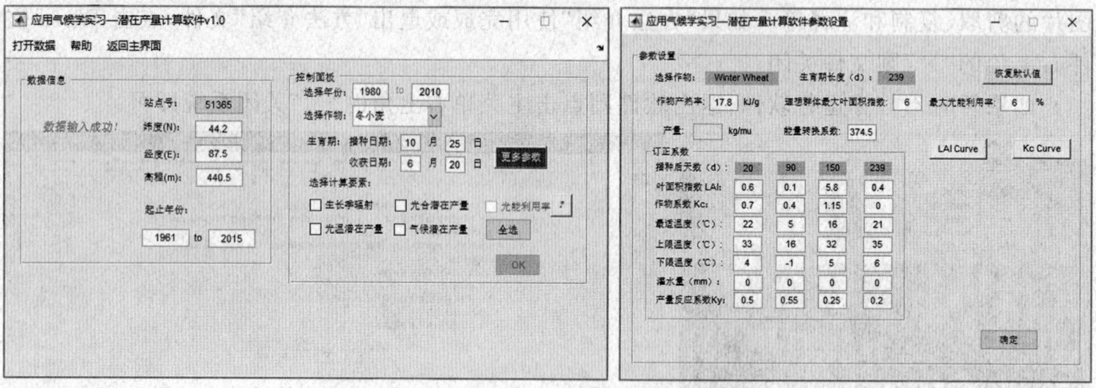

图 19-4　潜在产量计算软件参数设置界面

本实例选择站点号 51365 目标区域的 1961—2015 年的基本气象资料为初始数据，选择目标时间段为 1980—2010 年，农作物为冬小麦，生育期参数根据冬小麦的实际生育期参数进行设置。其中，生育期的"更多参数"模块可以使用系统默认值，也可以根据实际测定数据对默认数据进行订正。此外，叶面积指数 LAI 和作物系数 K_c 可以根据订正系数点击"LAI Curve"和"Kc Curve"绘制作物整个生育期的 LAI 和 K_c 变化曲线图，点击后如图 19-5 所示。

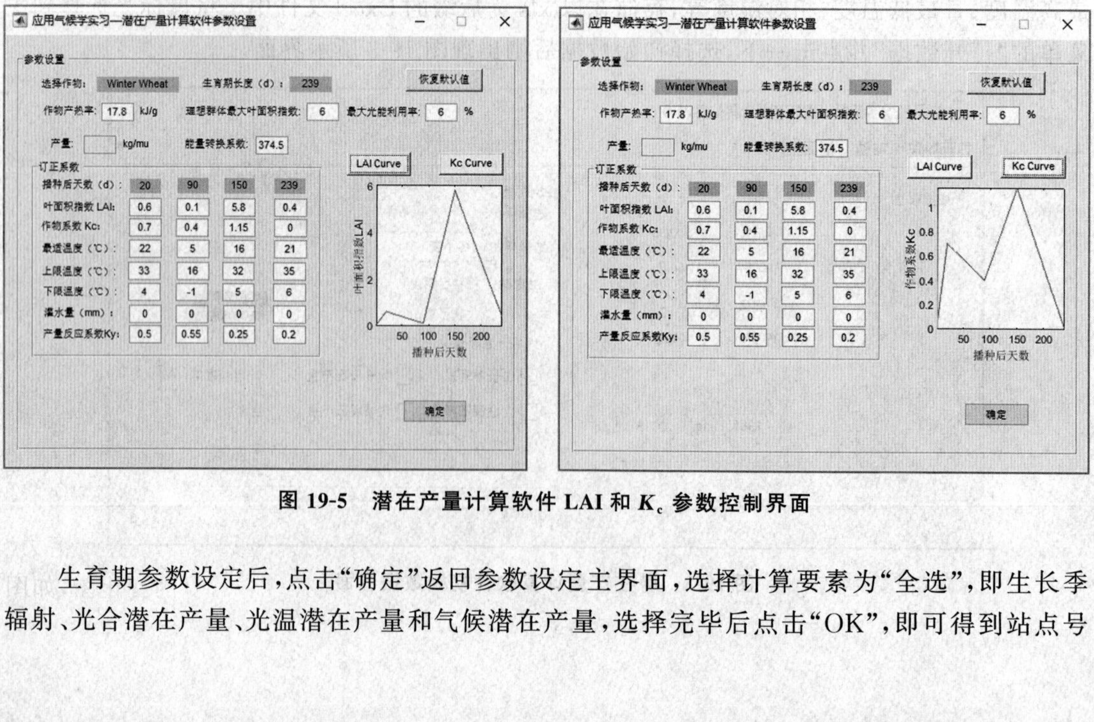

图 19-5　潜在产量计算软件 LAI 和 K_c 参数控制界面

生育期参数设定后，点击"确定"返回参数设定主界面，选择计算要素为"全选"，即生长季辐射、光合潜在产量、光温潜在产量和气候潜在产量，选择完毕后点击"OK"，即可得到站点号

51365 目标区域在 1980—2010 年的每年冬小麦生长季辐射、光合潜在产量、光温潜在产量和气候潜在产量的估算值，计算结果在“结果”板块显示，通过下拉条可以查看目标年份内各年冬小麦的生长季辐射、光合潜在产量、光温潜在产量和气候潜在产量，如图 19-6 所示。

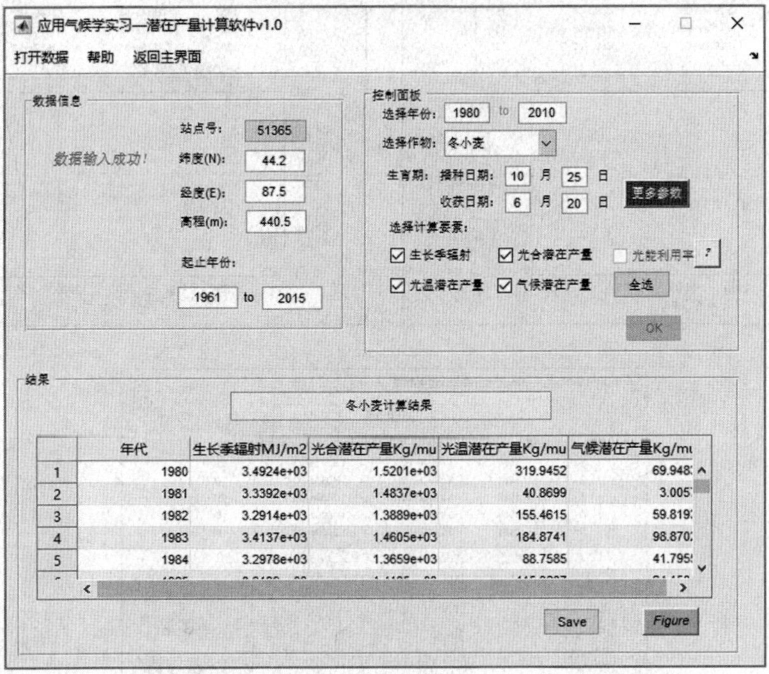

图 19-6 潜在产量计算软件结果界面

点击“结果”板块中的“Save”，进而以 xls 为后缀的 Excel 文档保存各年计算结果，如图 19-7 所示。

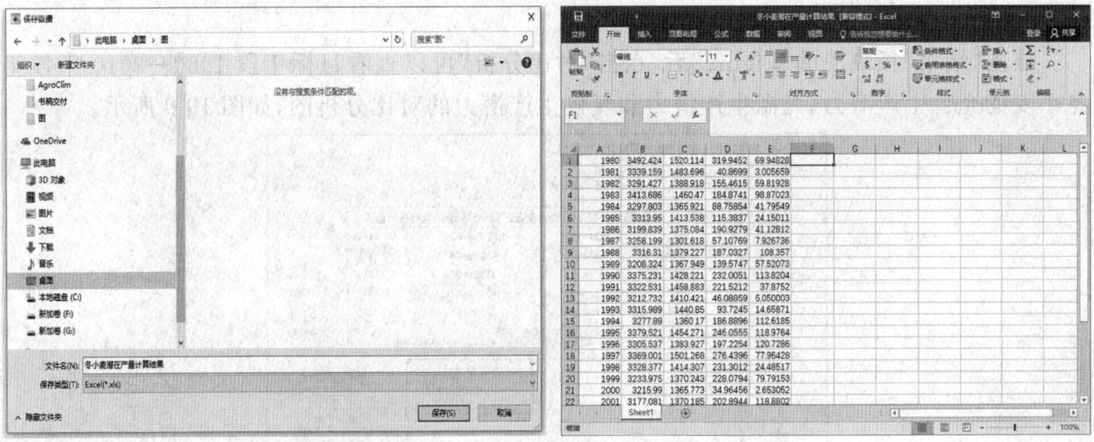

图 19-7 潜在产量计算软件结果保存及显示

点击“结果”板块中的“Figure”后，点击“光合生产潜力”“光温生产潜力”“气候生产潜力”可以分别查看目标年段 1980—2010 年各年冬小麦的光合/光温/气候潜在产量的变化图，如图 19-8 所示。

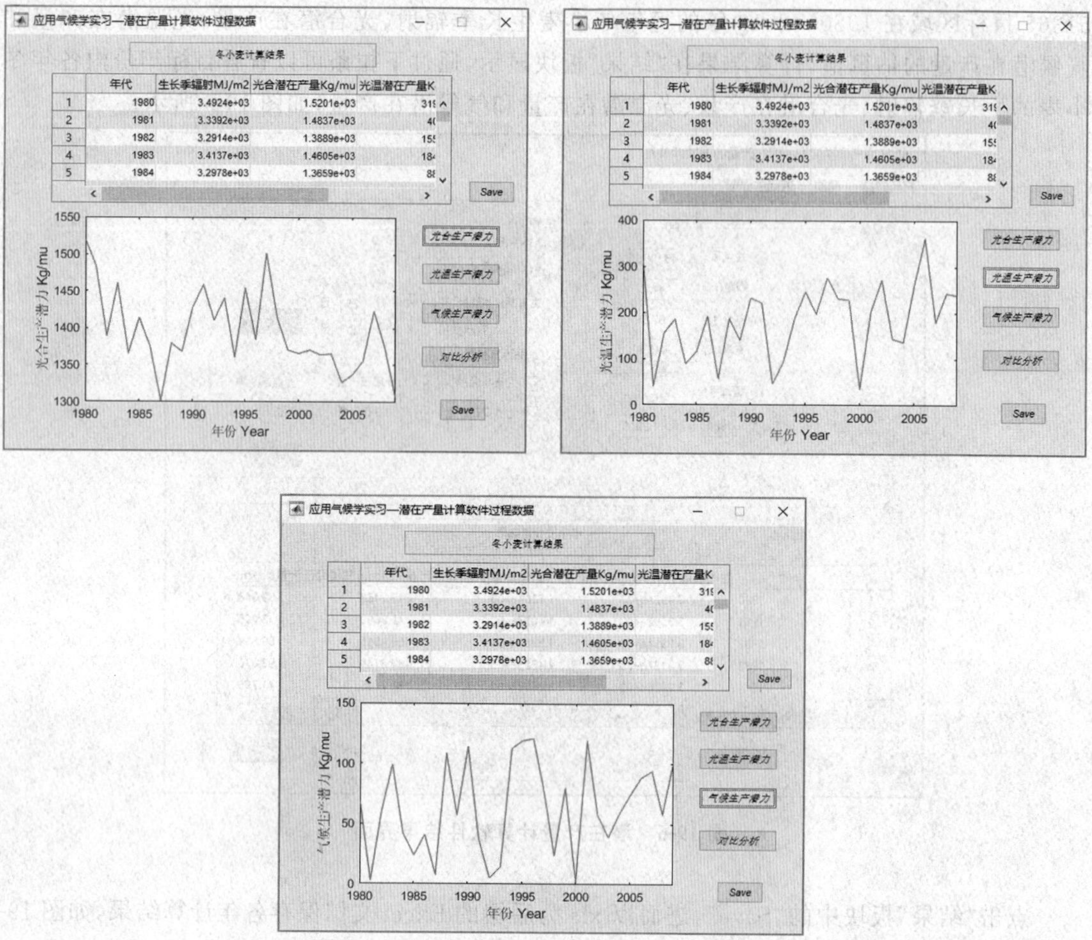

图 19-8 潜在产量计算软件过程数据显示

点击“结果”板块中的“Figure”后，点击“对比分析”可以查看目标年段 1980—2010 年各年冬小麦的光合生产潜力、光温生产潜力和气候生产潜力的对比分析图，如图 19-9 所示。

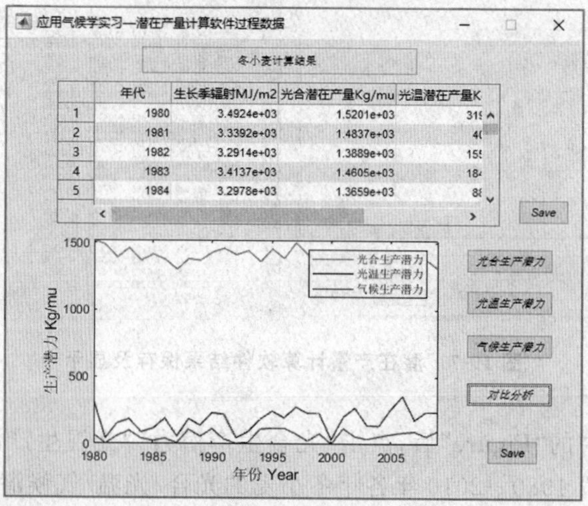

图 19-9 潜在产量计算软件不同生产潜力对比分析

在生成变化图时，相对应地点击上述界面中的“Save”，进而以 jpg 为后缀的图片格式保存多年结果。如在点击“气候生产潜力”后，再点击“Save”，以 jpg 为后缀的图片格式保存 1980—2010 年各年冬小麦的气候潜在产量的变化图，如图 19-10 所示。

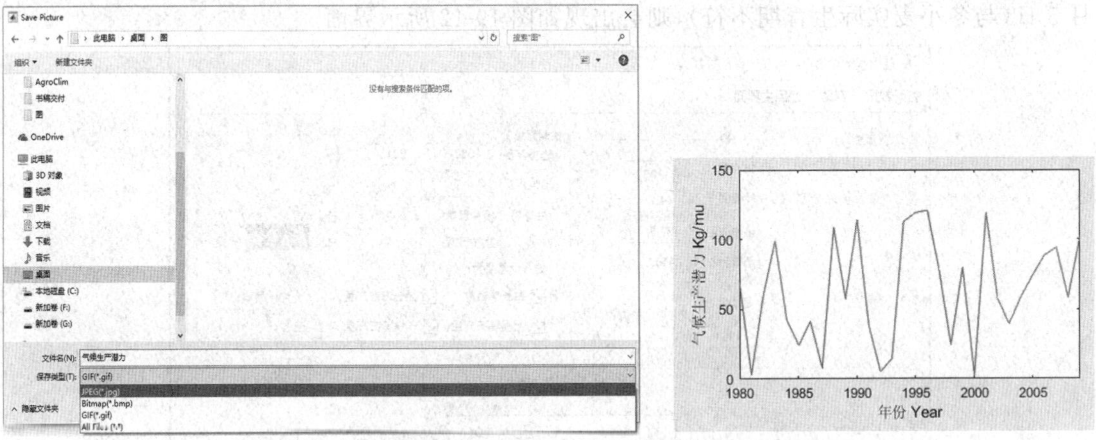

图 19-10　潜在产量计算软件图片结果保存及显示

②注意事项。

a. 在初始界面的“控制面板”板块选择目标时间段时，需要注意年份时间段的选择应在初始数据年段内，不能超出初始数据年段的时间范围，否则点击“OK”后，程序会提示存在错误而不运行。如在实例中，站点号 51365 目标区域初始数据的时间段为 1961—2015 年，若在初始界面选择目标时间段为 1980—2017 年（超出初始数据时间段），则会出现如图 19-11 所示界面。

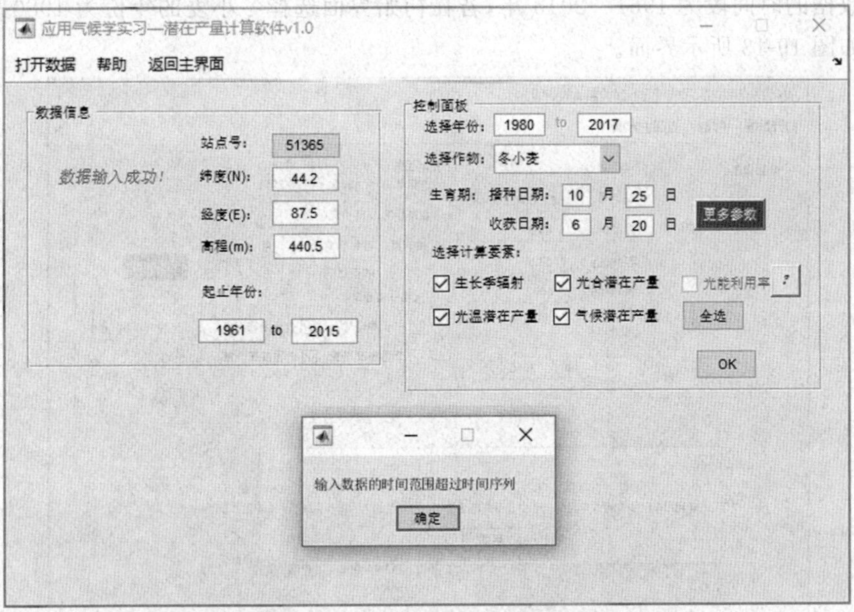

图 19-11　潜在产量计算软件选择目标时间段错误提示

b. 在初始界面的“控制面板”板块选择生育期参数时，需要注意播种日期和收获日期要根据所选农作物的实际生育期输入，否则点击“OK”后，程序会提示“输入的播种和收获月份有误”而不运行。如在实例中，若在初始界面输入冬小麦的播种日期为 4 月 5 日、收获日期为 10 月 5 日(与冬小麦实际生育期不符)，则会出现如图 19-12 所示界面。

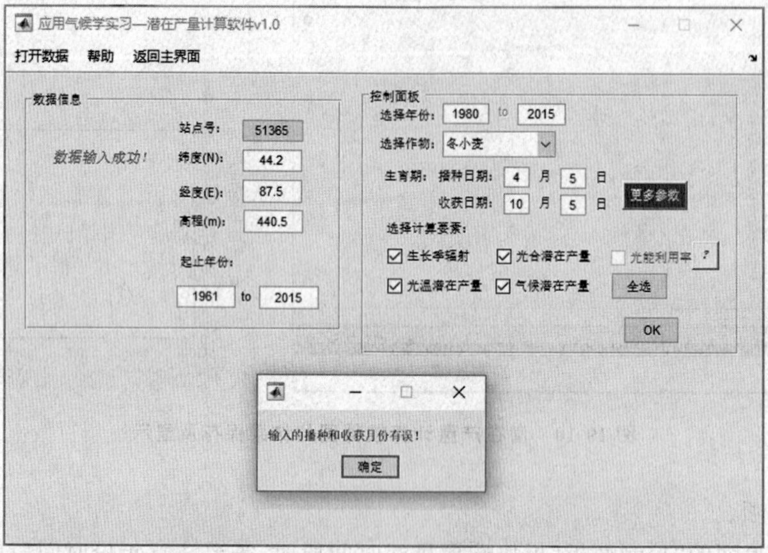

图 19-12　潜在产量计算软件选择生育期参数错误提示

c. 在初始界面的“控制面板”板块选择计算要素为“光能利用率”时，需要注意选择年份必须为农作物的一个生长季时期，否则将不能计算光能利用率。如在实例中，站点号 51365 目标区域初始数据的时间段为 1961—2015 年，若在初始界面选择冬小麦的年份为 1980—2015 年，则会出现如图 19-13 所示界面。

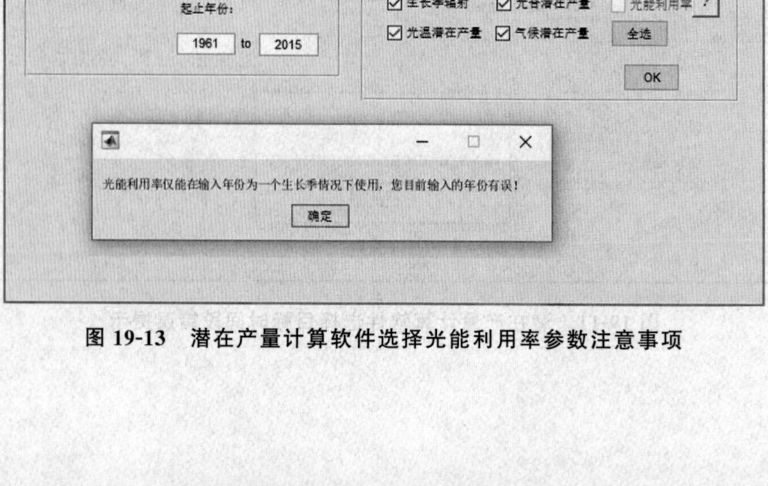

图 19-13　潜在产量计算软件选择光能利用率参数注意事项

此外，需要注意冬小麦等越冬农作物选择生长季年份时应该按照实际生长季年份，如对于1980年种植的冬小麦，其生长季年份为1980—1981年。

至此，农业气候潜在产量计算统计软件的初始数据调取、数据统计分析、操作步骤、基本功能和注意事项都已介绍完成。点击此界面上的“返回主界面”即可回到农业气候学实验教学软件的主界面。退出操作，点击主界面右上角的“×”即可。

五、实习作业

假设现有2种灌溉方案：①灌1次水，在营养生长阶段4月25日灌水170 mm；②灌2次水，在生殖生长阶段5月20日和灌浆成熟阶段6月30日分别灌水100 mm和70 mm。计算该地区2018年采取哪种灌溉方案可以获得较高的产量。数据可通过扫描实习十九后的资源下载码下载文件中的(19-1)。

实习十九　资源下载码(19-1至19-2)

参考文献

[1] 杜林博斯 J，卡萨姆 A H. 产量与水的关系[C]. 罗马：联合国粮食及农业组织，1979.

[2] 王素艳，霍治国，李世奎，等. 中国北方冬小麦的水分亏缺与气候生产潜力：近40年来的动态变化研究[J]. 自然灾害学报，2003，12(01)：121-130.

[3] 袁开朗. 一种农作物气候生产潜力的改进估算方法及计算分析实例[J]. 辽宁气象，1994，10(04)：16-18.

[4] 赵安，赵小敏. FAO-AEZ法计算气候生产潜力的模型及应用分析[J]. 江西农业大学学报，1998，20(04)：528-533.

[5] 钟新科，刘洛，徐新良，等. 近30年中国玉米气候生产潜力时空变化特征[J]. 农业工程学报，2012(15)：94-101.